广东雷州珍稀海洋生物国家级自然保护区海洋生物图谱

上册

主编 刘 芳 刘昕明
周立喜 林金兰 欧春晓

中国海洋大学出版社
·青岛·

图书在版编目（CIP）数据

广东雷州珍稀海洋生物国家级自然保护区海洋生物图谱 / 刘芳等主编 . —青岛：中国海洋大学出版社，2023.12
　　ISBN 978-7-5670-3759-5

Ⅰ. ①广… Ⅱ. ①刘… Ⅲ. ①海洋生物－雷州－图谱
Ⅳ. ① Q718. 53-64

中国国家版本馆 CIP 数据核字（2024）第 020174 号

GUANGDONG LEIZHOU ZHENXI HAIYANG SHENGWU GUOJIAJI ZIRAN BAOHUQU HAIYANG SHENGWU TUPU

广东雷州珍稀海洋生物国家级自然保护区海洋生物图谱

出版发行	中国海洋大学出版社		
社　　址	青岛市香港东路 23 号	**邮政编码**	266071
出 版 人	刘文菁		
网　　址	http://pub. ouc. edu. cn		
电子信箱	94260876@qq. com		
订购电话	0532-82032573（传真）		
责任编辑	孙玉苗	**电　　话**	0532-85901040
印　　制	青岛国彩印刷股份有限公司		
版　　次	2023 年 12 月第 1 版		
印　　次	2023 年 12 月第 1 次印刷		
成品尺寸	185 mm × 260 mm		
印　　张	25. 5		
字　　数	586 千		
印　　数	1 ～ 1400		
定　　价	298. 00 元（全二册）		

发现印装质量问题，请致电 0532-58700166，由印刷厂负责调换。

《广东雷州珍稀海洋生物国家级自然保护区海洋生物图谱》

编 委 会

主编: 刘芳、刘昕明、欧春晓、周立喜、林金兰

编委: 李朗(广西科学院)、杨位迪(厦门大学)、罗肇河(自然资源部第三海洋研究所)、陈晓银(自然资源部第三海洋研究所)、莫敏婷(广西中医药大学)、高程海(广西中医药大学)、陈耀(广东雷州珍稀海洋生物国家级自然保护区管理局)、陈成琼(广东雷州珍稀海洋生物国家级自然保护区管理局)、吴家栋(广东雷州珍稀海洋生物国家级自然保护区管理局)、幸继联(广东雷州珍稀海洋生物国家级自然保护区管理局)、朱锐(广东雷州珍稀海洋生物国家级自然保护区管理局)、刘永宏(广西中医药大学)。

前　言

　　广东雷州珍稀海洋生物国家级自然保护区(以下简称"保护区")位于广东省雷州市的西侧,北部湾的东部,是环北部湾建区历史最长、面积最大、保护对象最多样化的自然保护区。保护区总面积 46 864.67 hm²,其中核心区面积 18 527 hm²,缓冲区面积 13 664 hm²,实验区面积 14 673.67 hm²。其前身为广东雷州白蝶贝省级自然保护区,主要保护对象为白蝶贝即大珠母贝 *Pinctada maxima*。2008 年,保护区将保护对象由单一的白蝶贝调整为包括白蝶贝在内的珍稀濒危物种及其栖息地。

　　保护区周边海域是北部湾潮汐和洋流经过的重要通道,海底以火山岩为主,拥有珊瑚礁、红树林、海草床、盐沼以及河口等多样化的典型海洋生态系统,因此具有非常高的海洋生物多样性。2006 年,保护区开展本底资源科学考察,对保护区海洋生物物种有了初步了解。之后,在保护区管理局以及周边区域高校、研究所、社会团体的共同努力下,保护区海洋生物多样性数据持续更新和丰富,不仅包含物种分类信息,还包含标本影像、生态影像,以及物种分布特征、丰度、生物量等。本书以多年积累的保护区生物多样性研究成果为基础,依据最新的海洋生物分类体系,介绍保护区内海洋生物的分类地位、形态特征、分布,并展示这些海洋生物的原色照片。本书的出版对保护区资源和生境保护及科普、教育、宣传等工作具有深远的意义。

　　本书将国家重点保护野生生物和微藻单独列出,其他海洋生物按照生活方式及"纲"级分类阶元编排,分国家重点保护野生生物、滨海植物、微藻、浮游动物、游泳动物、底栖动物六部分,共记录保护区常见海洋生物 700 余种。保护区生物多样性研究和书稿撰写工作以保护区管理局工作人员为主,相关领域专家进行了生物分类和影像采集指导。浮游植物部分主要完成人为广西科学院李朗博士,浮游动物部分主要完成人为厦门大学杨位迪博士和自然资源部第三海洋研究所陈小银博士,底栖动物部分主要完成人为广西中医药大学刘昕明博士和广西海洋研究院林金兰博士,游泳动物部分主要完成人为广西中医药大学刘昕明博士和高程海博士。本书工作还得到中国科学院海洋研究所李新正研究员,自然资源部第三海洋研究所罗肇河研究员、郑新庆研究员,广西海洋研究院何斌源研究员、赖廷和研究员、黄中坚工程师,广西科学院陈默副研究员的指导和帮助。另外感谢祝光萍女士、潘昀浩先生对于样品采集工作的支持,感谢许王冠先生、徐平忠先生、李成龙先生提供的潜水调查技术支持。

由于能力所限,本书难免有些纰漏。本书出版后保护区管理局将继续致力于保护区生物多样性数据库的完善以及保护区海洋生物、生境的保护,促进人与自然和谐共生,助力海洋强国建设。

总目录

上册目录

浮游动物

大珠母贝
Pinctada maxima（Jameson，1901）

分类地位　软体动物门 Mollusca 双壳纲 Bivalvia（目）[①]Ostreida 珍珠苔虫科 Margaritidae 珠母贝属 *Pinctada*

形态特征　壳大而坚厚，表面呈棕褐色。壳顶鳞片层紧密,壳后缘鳞片层游离状明显。壳内面具珍珠光泽;珍珠层为银白色,较厚;边缘稍呈黄色或黄褐色;中央稍后处有一明显的闭壳肌痕。铰合部厚。

分　布　生活在印度洋和南太平洋沿岸区域;在我国分布于海南岛、西沙群岛、雷州半岛沿海。

国家二级重点保护野生动物。

大珠母贝 *Pinctada maxima*（Jameson，1901）

厦门文昌鱼
Branchiostoma belcheri（Gray，1847）

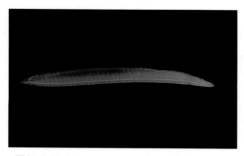

厦门文昌鱼 *Branchiostoma belcheri*（Gray，1847）

分类地位　脊索动物门 Chordata（纲）Leptocardii 文昌鱼科 Branchiostomatidae 文昌鱼属 *Branchiostoma*

形态特征　体侧扁,两端尖细,脊索从体最前端贯穿至最后端。体背中央有 1 条低的背鳍褶。腹部有 1 对腹褶,其聚合处有腹孔。尾鳍矛状。肛门接近尾鳍。全体半透明。

分　布　在我国主要分布于福建、山东、河北、广东、海南等地沿海。

国家二级重点保护野生动物。

---

① 对于尚无权威中文名的门、纲、目、科、属,相应拉丁文名前分别加"（纲）""（目）""（科）""（属）",以提示此拉丁文名为该分类阶元名。

绿海龟
Chelonia mydas（**Linnaeus，1758**）

绿海龟 *Chelonia mydas*（Linnaeus，1758）

分类地位 脊索动物门 Chordata 爬行纲 Reptilia（目）Testudines 海龟科 Cheloniidae 海龟属 *Chelonia*

形态特征 吻部短圆。上颌前端不勾曲。下颌略向上勾曲，边缘具强锯齿，咀嚼面有一由短的尖齿突连接而成的中嵴。头背具对称排列的大鳞片，前额鳞1对。背甲呈心形。腹甲平坦。四肢桨状，前肢长于后肢，内侧各具1个爪。

分　布 在我国分布于山东、浙江、福建、广东、台湾等地沿海。国家一级重点保护野生动物。

玳　瑁
Eretmochelys imbricata（**Linnaeus，1766**）

分类地位 脊索动物门 Chordata 爬行纲 Reptilia（目）Testudines 海龟科 Cheloniidae 玳瑁属 *Eretmochelys*

形态特征 吻略长。头部有对称排列的光滑鳞片。四肢桨形，外侧各具2个小爪。尾甚短。背甲棕褐色，有深浅不一的环状斑及浅黄色小花斑。头部栗色，每个鳞缝间黄色，具光泽。

分　布 栖息于热带和亚热带海洋中，在我国主要分布于华东、华南一带沿海。国家一级重点保护野生动物。

玳瑁 *Eretmochelys imbricata*（Linnaeus，1766）

棱皮龟
Dermochelys coriacea（Vandelli，1761）

分类地位 脊索动物门 Chordata 爬行纲 Reptilia（目）Testudines 棱皮龟科 Dermochelyidae 棱皮龟属 *Dermochelys*

形态特征 头大，具排列复杂且形状不规则的鳞片。颈短。背部无角质板，被以柔软的革质皮，皮上有7条纵棱，棱间微凹如沟。腹甲骨化不完全，有5条纵棱。四肢桨状，无爪，前肢长，后肢短。尾短小。体背漆黑色或暗褐色，微带黄斑；腹部色浅。

分　　布 在我国北起辽宁沿海，南至西沙群岛海域均有分布。

国家一级重点保护野生动物。

棱皮龟 *Dermochelys coriacea*（Vandelli，1761）

中华白海豚
Sousa chinensis（Osbeck，1765）

分类地位 脊索动物门 Chordata 哺乳纲 Mammalia（目）Cetartiodactyla 海豚科 Delphinidae 白海豚属 *Sousa*

形态特征 体粗壮。喙中等长。背鳍基部形成增厚的脊，上有近三角形的较大的背鳍。鳍肢和尾叶均宽，均具圆的梢端。亚成体灰色和粉红色相杂。成体纯白色，常由于充血而呈粉红色。

中华白海豚 *Sousa chinensis*（Osbeck，1765）

分　　布 主要分布于西太平洋、东印度洋，从我国东南部沿海经东南亚沿海直到孟加拉湾均有分布，在我国广布于东南部沿海。

国家一级重点保护野生动物。

布氏鲸
Balaenoptera brydei Olsen，1913

布氏鲸 *Balaenoptera brydei* Olsen，1913

分类地位 脊索动物门 Chordata 哺乳纲 Mammalia（目）Cetartiodactyla 须鲸科 Balaenopteridae 须鲸属 *Balaenoptera*

形态特征 体呈流线型。吻部上颌骨和前颌骨基本上呈直线向前伸出。头部上颌前端至喷气孔间有 1 条主脊线，在两侧、上颌的侧面各有 1 条副脊线。副脊线的外侧生有数根感觉毛，下颌的前端也有很多感觉毛。瓦灰色的须板短而宽，表面有许多淡色的肉刺，须毛粗糙。鳍肢上有四指，呈扁平状。

分　　布 主要分布在南太平洋、大西洋和印度洋的热带和温带海域。

国家一级重点保护野生动物。

多孔同星珊瑚
Plesiastrea versipora（Lamarck，1816）

分类地位 刺胞动物门 Cnidaria 珊瑚纲 Anthozoa 石珊瑚目 Scleractinia（科）Plesiastreidae（属）*Plesiastrea*

形态特征 群体呈团块状，有时扁平，直径可超过 1 m，附着在岩石上。珊瑚杯横截面呈圆形或椭圆形，直径 2 ～ 4 mm，排列紧密。相邻的珊瑚杯之间有环形沟。触手短小。保护区内多孔同星珊瑚群体呈现绿色、灰白色或棕色。

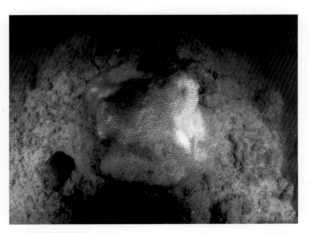

多孔同星珊瑚 *Plesiastrea versipora*（Lamarck，1816）

分　　布 广泛分布在西太平洋－印度洋，尤其在浊度较高的区域是常见种类。是保护区石珊瑚优势种类。

国家二级重点保护野生动物。

盾形陀螺珊瑚
Duncanopsammia peltata（Esper，1790）

分类地位 刺胞动物门 Cnidaria 珊瑚纲 Anthozoa 石珊瑚目 Scleractinia 木珊瑚科 Dendrophylliidae（属）*Duncanopsammia*

形态特征 群体呈平扁的块状、漏斗状或碗状；板块相互层叠，边缘有时扭曲成波纹状。珊瑚杯大，呈卵形，倾斜突出，平均分布在珊瑚板块表面，触手日间伸出。保护区内盾形陀螺珊瑚呈暗绿色。

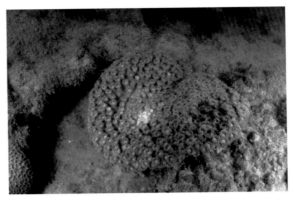

盾形陀螺珊瑚 *Duncanopsammia peltata*（Esper，1790）

分　　布 广泛分布在西太平洋 - 印度洋，是亚热带珊瑚礁区常见种类。
国家二级重点保护野生动物。

标准盘星珊瑚
Dipsastraea speciosa（Dana，1846）

标准盘星珊瑚 *Dipsastraea speciosa*（Dana，1846）

分类地位 刺胞动物门 Cnidaria 珊瑚纲 Anthozoa 石珊瑚目 Scleractinia 裸肋珊瑚科 Merulinidae（属）*Dipsastraea*

形态特征 群体生长形态呈团块状或表覆状。珊瑚杯横截面为不规则多边形或圆形，壁厚且呈肉质。杯中有 60 个隔片，隔片密。珊瑚杯间沟槽清晰。触手只在夜间伸出，颜色多变，有红棕色、暗绿色、棕色带花斑等。群体外形随水深变化而略微不同：深水区珊瑚杯排列稀疏，浅水区珊瑚杯排列紧密。

分　　布 在全球主要珊瑚礁区均有分布，耐受浊度较高的海域。
国家二级重点保护野生动物。

澄黄滨珊瑚
Porites lutea Milne Edwards & Haime，1851

分类地位 刺胞动物门 Cnidaria 珊瑚纲 Anthozoa 石珊瑚目 Scleractinia 滨珊瑚科 Poritidae 滨珊瑚属 *Porites*

形态特征 澄黄滨珊瑚群体形态随环境不同有较大差异：在浪大、混浊海域通常呈亚团块状或表覆状；在内湾生长的珊瑚群体较大，呈钟形或头盔状。高度可达数米。珊瑚表面起伏不平。整体呈黄褐色或棕褐色。

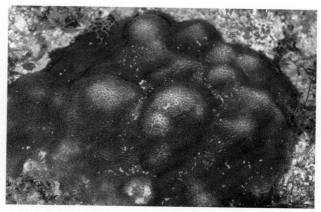

澄黄滨珊瑚 *Porites lutea* Milne Edwards & Haime，1851

分 布 在全球主要珊瑚礁区均有分布,通常栖息在水深 10 m 以浅、底质平坦的海域。

国家二级重点保护野生动物。

柱角孔珊瑚
Goniopora columna Dana，1846

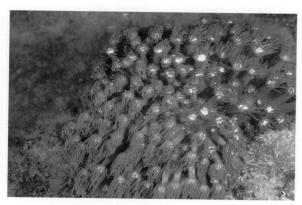

柱角孔珊瑚 *Goniopora columna* Dana，1846

分类地位 刺胞动物门 Cnidaria 珊瑚纲 Anthozoa 石珊瑚目 Scleractinia 滨珊瑚科 Poritidae 角孔珊瑚属 *Goniopora*

形态特征 群体生长形态呈团块状,高度可达 50 cm。单独生长,可附着在其他死珊瑚表面。触手形态变化多样,有的细长,有的短粗,昼夜均伸出,只有受到刺激时收缩。珊瑚杯盘口大,通常呈白色,也有呈粉红色或紫色的。

分 布 在全球主要珊瑚礁区均有分布。

国家二级重点保护野生动物。

斯氏角孔珊瑚
Bernardpora stutchburyi（Wells，1955）

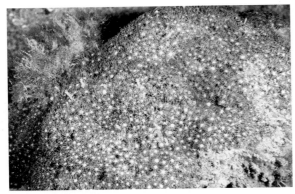

斯氏角孔珊瑚 *Bernardpora stutchburyi*（Wells，1955）

分类地位　刺胞动物门 Cnidaria 珊瑚纲 Anthozoa 石珊瑚目 Scleractinia 滨珊瑚科 Poritidae（属）*Bernardpora*

形态特征　群体呈亚团块状或表覆状,好像长度统一的短绒毛附着在岩石上。珊瑚虫比角孔珊瑚属内其他种类短,通常呈棕色。珊瑚杯口盘多呈白色。触手昼夜均会伸出。

分　布　在全球主要珊瑚礁区均有分布。该种能够耐受较高浊度,通常生活在混浊海域和较深海域。

国家二级重点保护野生动物。

黄癣盘星珊瑚
Dipsastraea favus（Forskål，1775）

分类地位　刺胞动物门 Cnidaria 珊瑚纲 Anthozoa 石珊瑚目 Scleractinia 裸肋珊瑚科 Merulinidae（属）*Dipsastraea*

形态特征　珊瑚群体呈团块状或表覆状;颜色多为黄褐色和浅绿色相间,形似长满黄癣,生长在潮下带的呈棕绿色。珊瑚杯横截面呈多角形,壁较厚,边缘锐利。每个珊瑚杯明确地分离,隔片在水中颜色相对整个珊瑚群体较浅,排列整齐。每个珊瑚杯只有1个口盘。触手仅在夜间伸出。通常生活在浅海甚至潮间带。

黄癣盘星珊瑚 *Dipsastraea favus*（Forskål，1775）

分　布　广泛分布在印度-西太平洋珊瑚礁区。

国家二级重点保护野生动物。

假铁星珊瑚
Pseudosiderastrea tayamai **Yabe & Sugiyama，1935**

分类地位　刺胞动物门 Cnidaria 珊瑚纲 Anthozoa 石珊瑚目 Scleractinia 根珊瑚科 Rhizangiidae 假铁星珊瑚属 *Pseudosiderastrea*

假铁星珊瑚 *Pseudosiderastrea tayamai* Yabe & Sugiyama，1935

形态特征　群体通常呈团块状或柱状,有时呈表覆状。珊瑚杯为融合形,直径 5 ～ 7 mm,横截面圆形,整齐排列在一起。珊瑚孔呈盘形,稍微突出,外形通常为多边形,有时相互挤压成不规则形状。隔片呈 3 轮排列,长短交错,边缘具有明显齿突。生活时为深棕色或红棕色。

分　　布　广泛分布在珊瑚礁区,以较浅的珊瑚礁平台较常见。在高浊度海域及潮间带常见。

国家二级重点保护野生动物。

卷曲黑星珊瑚
Oulastrea crispata（Lamarck，1816）

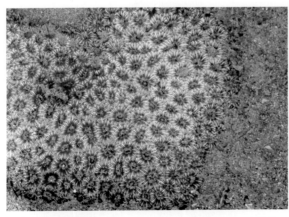

卷曲黑星珊瑚 *Oulastrea crispata*（Lamarck，1816）

分类地位　刺胞动物门 Cnidaria 珊瑚纲 Anthozoa 石珊瑚目 Scleractinia 科 Oulastreidae（属）*Oulastrea*

形态特征　以表覆状生长在岩石表面,呈现黑色或深褐色,群体直径通常不大于 10 cm,珊瑚杯小。触手仅在日间伸出。

分　　布　广泛分布在亚热带珊瑚礁区,通常生活在潮间带及浅海。耐受高浊度环境,即使被覆盖也能生存。

国家二级重点保护野生动物。

肉质扁脑珊瑚
Platygyra carnosus Veron，2000

　　分类地位　刺胞动物门 Cnidaria 珊瑚纲 Anthozoa 石珊瑚目 Scleractinia 裸肋珊瑚科 Merulinidae（属）*Platygyra*

　　形态特征　珊瑚骼半球形,谷短,稍弯曲,深度与宽度接近,脊塍薄而尖。隔片少而薄,粗糙,边缘有齿,两侧有颗粒或刺。次要隔片不规则发育。生活时为黄色,谷为绿色。

　　分　　布　广泛分布在亚热带珊瑚礁区,耐受高浊度环境。

国家二级重点保护野生动物。

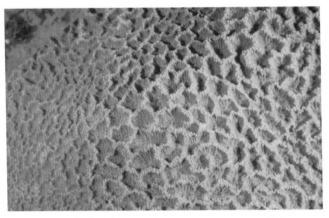

肉质扁脑珊瑚 *Platygyra carnosus* Veron，2000

滨海植物

木兰纲

卵叶喜盐草
Halophila ovalis（R. Brown）Hook. f.，1858

分类地位 维管植物门 Tracheophyta 木兰纲 Magnoliopsida 泽泻目 Alismatales 水鳖科 Hydrocharitaceae 喜盐草属 *Halophila*

形态特征 多年生草本植物。具细长的横卧茎，茎的每节生1条不定根和2枚苞片。苞腋生出1对叶，叶柄长 1.2～2.5 cm。叶片卵圆形或倒卵圆形，长 1.5～2.5 cm，有时可达 7 cm，宽 1～1.4 cm，两端圆。

卵叶喜盐草 *Halophila ovalis*（R. Brown）Hook. f.，1858

分　　布 在我国分布于广东、海南、广西等地。马来西亚、菲律宾等地也有分布。

飞机草
Chromolaena odorata（L.）R. M. King & H. Rob.

飞机草 *Chromolaena odorata*（L.）R. M. King & H. Rob.

分类地位 维管植物门 Tracheophyta 木兰纲 Magnoliopsida 菊目 Asterales 菊科 Compositae 飞机草属 *Chromolaena*

形态特征 多年生草本植物。根茎粗壮，横走。茎直立，高 1～3 m，苍白色，有细条纹；分枝粗壮，常对生。叶对生，叶片呈卵圆形、三角形等。花序下部的叶小，常全缘。头状花序在茎顶或枝端排成复伞房状或伞房状；总苞圆柱形；总苞片 3～4 层，覆瓦状排列；外层苞片卵圆形，黄色。花白色或粉红色。瘦果黑褐色，5 棱。花果期4—12月。

分　　布 在我国分布于台湾、广东、香港、澳门、海南、广西、云南、贵州。

厚 藤
Ipomoea pes-caprae (Linnaeus) R. Brown，1816

分类地位 维管植物门 Tracheophyta 木兰纲 Magnoliopsida 茄目 Solanales 旋花科 Convolvulaceae 虎掌藤属 *Ipomoea*

形态特征 多年生草本植物。茎平卧，有时缠绕。叶肉质，干后厚纸质，叶片卵圆形、椭圆形、圆形、肾形，裂片圆，裂缺浅或深，有时具小凸尖。多歧聚伞花序。萼片厚纸质，卵圆形，具小凸尖。蒴果球形，种子3棱。花果期5—10月。

厚藤 *Ipomoea pes-caprae* (Linnaeus) R. Brown，1816

分 布 分布于热带地区，常生于沙滩上及路边向阳处，在我国分布于浙江、福建、台湾、广东、海南等地。

木麻黄
Casuarina equisetifolia Linnaeus，1759

分类地位 维管植物门 Tracheophyta 木兰纲 Magnoliopsida 壳斗目 Fagales 木麻黄科 Casuarinaceae 木麻黄属 *Casuarina*

形态特征 常绿乔木，高可达30 m。树皮褐色，呈狭长条片状脱落。小枝细长，为灰绿色。花雌雄同株或异株，雄蕊黄褐色，雌蕊紫红色。果序为椭球状。花期4—5月，果期7—10月。

分 布 在我国分布于福建、台湾、广东、广西及南海诸岛。

木麻黄 *Casuarina equisetifolia* Linnaeus，1759

13

仙人掌
Opuntia stricta var. *dillenii*（Ker Gawl.）

分类地位　维管植物门 Tracheophyta 木兰纲 Magnoliopsida 石竹目 Caryophyllales 仙人掌科 Cactaceae 仙人掌属 *Opuntia*

形态特征　草本植物。花碗状，黄色，大而明艳。花托倒卵形。浆果倒卵形。茎粗而肥厚，肉质，多浆，茎节倒卵状或近球形，绿色或灰绿色，代替叶进行光合作用。叶消失，或短期存在且退化。仙人掌的花期集中在 3—5 月，果期在 6—10 月。

分　　布　在我国分布于云南、贵州、两广地区及长江以北地区。

仙人掌 *Opuntia stricta* var. *dillenii*（Ker Gawl.）

洋金花
Datura metel L.

分类地位　维管植物门 Tracheophyta 木兰纲 Magnoliopsida 茄目 Solanales 茄科 Solanaceae 曼陀罗属 *Datura*

形态特征　一年生草本植物。全株近于无毛。茎直立，圆柱形，高 30～100 cm，基部木质化，上部叉状分枝。叶互生，上部的叶近于对生。叶柄长 2～6 cm，表面被疏短毛。叶片卵圆形、长卵圆形或心形，长 8～14 cm，宽 6～9 cm，先端渐尖或锐尖，基部

洋金花 *Datura metel* L.

不对称，全缘或具三角状短齿，两面无毛。叶脉背面隆起。花单生于叶腋或上部分枝间。花梗短，直立或斜伸，被白色短柔毛。花萼筒状，长 4～6 cm，淡黄绿色；裂片三角形，先端尖。花冠漏斗状，下部直径渐小，向上扩大，呈喇叭状；白色；先端长尖。

分　　布　分布于热带和亚热带地区，在我国台湾、福建、广东、香港、广西、云南、贵州等地都常见。

黄　槿
Hibiscus tiliaceus Linnaeus，1753

分类地位　维管植物门 Tracheophyta 木兰纲 Magnoliopsida 锦葵目 Malvales 锦葵科 Malvaceae 木槿属 *Hibiscus*

形态特征　常绿灌木或小乔木。小枝无毛或疏被星状绒毛。叶近圆形或宽卵圆形，先端尖或短渐尖，基部心形，全缘或具细圆齿。托叶长圆形，早落。花单生于叶腋或数朵花成腋生或顶生总状花序。花萼杯状，披针形。花冠钟形。花瓣倒卵圆形，密被黄色柔毛。蒴果卵形，具短缘，被绒毛。种子肾形，具乳突。花期 6—8 月，果期 8—9 月。

分　　布　在我国珠江三角洲地区十分普遍。

黄槿 *Hibiscus tiliaceus* Linnaeus，1753

长春花
Catharanthus roseus（L.）G. Don，1837

分类地位　维管植物门 Tracheophyta 木兰纲 Magnoliopsida 龙胆目 Gentianales 夹竹桃科 Apocynaceae 长春花属 *Catharanthus*

形态特征　亚灌木植物。全株无毛或仅有微毛，略有分枝。茎近方形，有条纹，灰绿色。叶膜质，倒卵圆形。花有红、紫、粉、白、黄等颜色，聚伞花序腋生或顶生。种子黑色，长圆筒形。花期、果期几乎全年。

长春花 *Catharanthus roseus*（L.）G. Don，1837

分　　布　现广泛栽培于热带和亚热带地区，在我国栽培于西南、中南及华东等地。

光荚含羞草
Mimosa bimucronata（DC.）**Kuntze**

分类地位　维管植物门 Tracheophyta
木兰纲 Magnoliopsida 豆目 Fabales 豆科
Fabaceae 含羞草属 *Mimosa*

形态特征　落叶灌木,高可达6 m。小
枝无刺,二回羽状复叶。叶轴无刺,被短柔
毛。小叶片线形,革质,先端具小尖头,中
脉略偏上缘。头状花序球形。花白色,花
萼极小,花瓣长圆形。荚果带状,劲直,成
熟时荚节脱落而残留荚缘。

光荚含羞草 *Mimosa bimucronata*（DC.）Kuntze

分　　布　在我国广东南部沿海地区
逸生于疏林下。

露兜树
Pandanus tectorius **Parkinson ex Du Roi**，**1774**

分类地位　维管植物门 Tracheophyta 木兰纲 Magnoliopsida 露兜树目 Pandanales 露
兜树科 Pandanaceae 露兜树属 *Pandanus*

形态特征　常绿分枝灌木或小乔木。根常左右扭曲,具多分枝或不分枝气根。叶
条形,簇生于枝顶,螺旋状排列。雄花序穗状,近白色,边缘和下面中脉具细锯齿。雌花
序头状,球形。聚花果,悬垂,圆球形或长圆球形,成熟时橘红色。核果束倒圆锥形。花
期1—5月。

分　　布　在我国分布于福建、台湾、广东、海南、广西、云南等地,常见于海边
沙地。

露兜树 *Pandanus tectorius* Parkinson ex Du Roi，1774

毛 桐
Mallotus barbatus（Wall.）Müll. Arg.

分类地位　维管植物门 Tracheophyta 木兰纲 Magnoliopsida 金虎尾目 Malpighiales 大戟科 Euphorbiaceae 野桐属 *Mallotus*

形态特征　小乔木。幼枝、叶柄及花序轴密被褐色绒毛。叶互生。叶柄长 3～10 cm。叶片宽卵圆形或菱形，长 10～20 cm，宽 6～15 cm，先端渐尖，基部钝圆形或宽楔形，不分裂或先端 3 浅裂，全缘。幼叶被毛并略显红色；老叶上面无

毛桐 *Mallotus barbatus*（Wall.）Müll. Arg.

毛，下面密被淡黄褐色星状柔毛，并散生黄色腺点。花单性，异株，为顶生总状花序。雄花序通常分枝，呈圆锥状，长 8～20 cm；雌花序不分枝，较雄花序稍粗短。雄花疏生，花萼 3 裂，雄蕊多数；雌花密生，通常子房 3 室，偶有 2 室或 4 室的情况，密被星状毛，花柱 3 枚，偶有 2 枚或 4 枚的情况。蒴果球形，直径约 1 cm，密被星状毛并有软刺，散生黄色腺点。种子球形，黑色。花期 6—8 月，果期 7—10 月。

分　　布　在我国分布于江苏、浙江、福建、台湾、广西、贵州、云南等地。

木 榄
Bruguiera gymnorrhiza（L.）Lam.

分类地位　维管植物门 Tracheophyta 木兰纲 Magnoliopsida 金虎尾目 Malpighiales 红树科 Rhizophoraceae 木榄属 *Bruguiera*

形态特征　乔木或灌木，株高达 6 m。叶长椭圆形，长达 15 cm，先端短尖，基部楔形。花单生，盛开时长约 3 cm。萼平滑无棱，暗黄红色。花柱棱柱形，长约 2 cm，黄色且柱头有裂。胚轴长约 25 cm。花果期几乎全年。

分　　布　在我国分布于福建、台湾、广东、广西等地。

木榄 *Bruguiera gymnorrhiza*（L.）Lam.

相思子
Abrus precatorius **L.**

分类地位 维管植物门 Tracheophyta 木兰纲 Magnoliopsida 豆目 Fabales 豆科 Fabaceae 相思子属 *Abrus*

形态特征 藤本植物。茎细长。老茎为棕色,稍木化;幼茎为绿色。叶互生,叶轴上附着有稀疏的毛。花朵小,有短梗,一般为淡紫色。果实黄绿色。种子椭球形,上半部分为红色,接近种脐的部分为黑色,有光泽。花期 3—5 月,果期 5—6 月。

分　　布 在我国分布于台湾、广东、香港、广西、云南等地。

相思子 *Abrus precatorius* L.

盐地碱蓬
Suaeda salsa（**L.**）**Pall.**

分类地位 维管植物门 Tracheophyta 木兰纲 Magnoliopsida 石竹目 Caryophyllales 藜科 Chenopodiaceae 碱蓬属 *Suaeda*

形态特征 一年生草本植物,高 20～80 cm,绿色或紫红色。茎直立,圆柱状,黄褐色,有微条棱,无毛;分枝多集中于茎的上部,细瘦,开散或斜升。叶条形,半圆柱状。团伞花序通常含 3～5 朵花,腋生,在分枝上排列成有间断的穗状花序。胞

盐地碱蓬 *Suaeda salsa*（L.）Pall.

果包于花被内。种子横生,双凸镜形或歪卵形。花果期 7—10 月。

分　　布 在我国分布于东北、内蒙古、河北、山西、陕西北部、宁夏、甘肃(北部及西部)、青海、新疆,以及山东、江苏、浙江等沿海地区。

印度野牡丹
***Melastoma malabathricum* L.**

分类地位 维管植物门 Tracheophyta 木兰纲 Magnoliopsida 桃金娘目 Myrtales 野牡丹科 Melastomataceae 野牡丹属 *Melastoma*

形态特征 灌木，高 0.5～1.5 m，分枝多。茎钝四棱形或近圆柱形，毛扁平，边缘流苏状。叶片坚纸质，卵圆形或广卵圆形，全缘，7 基出脉，两面被糙伏毛及短柔毛。伞房花序生于分枝顶端，近头状，有花 3～5 朵。花瓣玫瑰红色或粉红色，倒卵圆形，长 3～4 cm，顶端圆弧形，密被缘毛。蒴果坛状，与宿存萼贴生，长 1～1.5 cm，直径 8～12 mm，密被鳞片状糙伏毛。种子镶于肉质胎座内。花期 5—7 月，果期 10—12 月。

分　　布 在我国分布于福建、台湾、广东、广西、云南。

印度野牡丹 *Melastoma malabathricum* L.

微藻

红海束毛藻

Trichodesmium erythraeum Ehrenberg ex Gomont，1892

分类地位 蓝藻门 Cyanophyta 蓝藻纲 Cyanophyceae 颤藻目 Oscillatoriales 席藻科 Phormidiaceae 束毛藻属 *Trichodesmium*

形态特征 短筒形细胞重叠为丝状群体，并进一步形成束状藻团。群体为灰色、棕色或淡黄色。顶端细胞较小，细胞直径 7～11 μm。细胞内无细胞核，只有拟核。

生态习性 在海洋中营浮游生活。

分　　布 主要分布于各大洋暖水域中，在我国东海和南海较为常见。

红海束毛藻 *Trichodesmium erythraeum* Ehrenberg ex Gomont，1892

鱼腥藻

Anabaena sp.

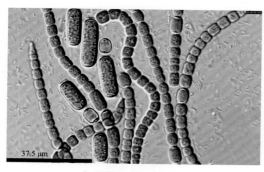

鱼腥藻 *Anabaena* sp.

分类地位 蓝藻门 Cyanophyta 蓝藻纲 Cyanophyceae 念珠藻目 Nostocales 束丝藻科 Aphanizomenonaceae 鱼腥藻属 *Anabaena*

形态特征 营养细胞深绿色至棕褐色。细胞呈串珠状，直径 3.78～5.24 μm。藻体为丝状体，微曲。平均每个丝状体有 8～50 个细胞，最后一个细胞呈锥状。异形胞呈椭球形至长筒形，大小为营养细胞的 1.0～1.92 倍。

生态习性 海水中生活。

分　　布 广泛分布于太平洋、印度洋、地中海，在我国主要分布于山东、浙江、广东、广西等地。

平裂藻
Merismopedia sp.

分类地位 蓝藻门 Cyanophyta 蓝藻纲 Cyanophyceae 色球藻目 Chroococcales（科）Microcystaceae 平裂藻属 *Merismopedia*

形态特征 细胞蓝绿色，内容物均匀。营养细胞椭球形或半球形，长 5.82 ～ 12.80 μm，宽 10.19 ～ 22.70 μm。4 个细胞排列整齐，聚集在一起，包裹在无色易碎的黏液包膜内。

生态习性 海水中生活。

分　　布 在国内外广泛分布。

平裂藻 *Merismopedia* sp.

假鱼腥藻
Pseudanabaena sp.

分类地位 蓝藻门 Cyanophyta 蓝藻纲 Cyanophyceae（目）Pseudanabaenales（科）Pseudanabaenaceae 假鱼腥藻属 *Pseudanabaena*

形态特征 藻体丝状，蓝绿色，直而短，不会摆动或旋转，细胞间隙处明显缢缩。顶端细胞呈球形，其他细胞短圆柱状。细胞长 1.46 ～ 2.91 μm，宽 1.46 ～ 2.04 μm。没有异形胞。

生态习性 海水中生活。

分　　布 在国内外广泛分布。

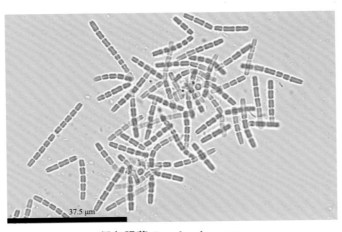

假鱼腥藻 *Pseudanabaena* sp.

螺旋藻
Spirulina sp.

分类地位　蓝藻门 Cyanophyta 蓝藻纲 Cyanophyceae（目）Spirulinales（科）Spirulinaceae 螺旋藻属 *Spirulina*

形态特征　藻体蓝绿色或橄榄绿色，呈规则的逆时针螺旋状。细胞外没有鞘。细胞可以沿螺旋轴旋转。螺旋体宽 2.91 ～ 3.78 μm。依靠藻丝断裂繁殖。

生态习性　海水中生活。

分　　布　在国外曾记录于太平洋：朝鲜半岛、日本、美国（加利福尼亚沿岸）、墨西哥；大西洋：英国、法国（瑟堡）、阿鲁巴岛、博奈尔岛、库拉索岛、牙买加；印度洋：印度；地中海：意大利、阿尔及利亚沿岸。在我国山东、福建、海南、广西曾有记录。

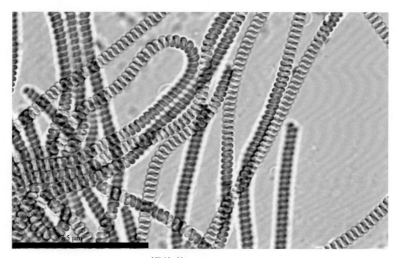

螺旋藻 *Spirulina* sp.

中心纲

念珠直链藻

Melosira moniliformis（Link）C. Agardh，1824

分类地位 硅藻门 Bacillariophyta 中心纲 Centricae 盘状硅藻目 Discoidales 直链藻科 Melosiraceae 直链藻属 *Melosira*

形态特征 细胞呈球形或短圆柱形。硅质壳较厚，分布有点纹。壳面圆，四周分泌的胶质使相邻细胞连接成念珠状长链。

生态习性 在海水或淡水中营附着生活，但在浮游植物样品中也可观察到。

分　布 世界广布种，在我国华南沿海水域均有分布。

念珠直链藻 *Melosira moniliformis*（Link）C.Agardh，1824

具槽帕拉藻

Paralia sulcata（Ehrenberg）Cleve，1873

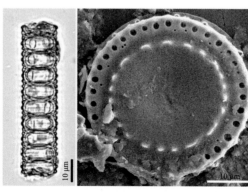

具槽帕拉藻 *Paralia sulcata*（Ehrenberg）Cleve，1873

分类地位 硅藻门 Bacillariophyta 中心纲 Centricae 盘状硅藻目 Discoidales 直链藻科 Melosiraceae 帕拉藻属 *Paralia*

形态特征 细胞呈短圆柱形，细胞壁重度硅质化。壳面圆且平，中心区较大，四周有 1 圈呈放射状排列的肋纹。相邻细胞以壳面连成长链，顶端细胞无刺突等突起。

生态习性 在海水或半咸水中营底栖生活，但常出现于近岸浮游植物样品中。

分　布 世界广布种，在我国沿海均有分布。

具翼漂流藻
Planktoniella blanda（A.W.F.Schmidt）Syvertsen & Hasle，1993

分类地位 硅藻门 Bacillariophyta 中心纲 Centricae 盘状硅藻目 Discoidales 圆筛藻科 Coscinodiscaceae 漂流藻属 *Planktoniella*

形态特征 壳面边缘具有 3～6 个翼状胶质突起，有时突起呈圆环状。壳面圆盘形。孔纹为六角形，排列成直线状。

生态习性 在海洋中营浮游生活。

分　　布 在我国浙江至广西沿海均有记录。

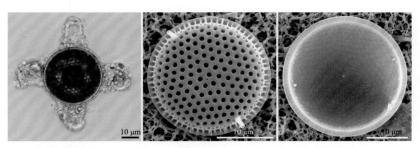

具翼漂流藻 *Planktoniella blanda*（A.W.F.Schmidt）Syvertsen & Hasle，1993

蛇目圆筛藻
Coscinodiscus argus Ehrenberg，1839

分类地位 硅藻门 Bacillariophyta 中心纲 Centricae 盘状硅藻目 Discoidales 圆筛藻科 Coscinodiscaceae 圆筛藻属 *Coscinodiscus*

形态特征 细胞圆盘形，壳面平或中部略凹。孔纹为六角形，呈放射状和螺旋状排列。壳面中心有 5 个较大的孔纹组成的玫瑰纹。壳面中部孔纹较小，向外逐渐变大，靠近边缘处又逐渐缩小。

生态习性 在海洋中营浮游或底栖生活，亦为化石种。

分　　布 世界广布种，在我国渤海至南海海域皆有分布。

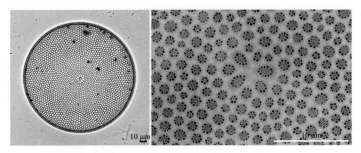

蛇目圆筛藻 *Coscinodiscus argus* Ehrenberg，1839

星脐圆筛藻
Coscinodiscus asteromphalus **Ehrenberg，1844**

分类地位 硅藻门 Bacillariophyta 中心纲 Centricae 盘状硅藻目 Discoidales 圆筛藻科 Coscinodiscaceae 圆筛藻属 *Coscinodiscus*

形态特征 壳面圆，中部略凹，近边缘处又骤然凹下。玫瑰纹大而明显，中央常有1处无纹区。壳面孔纹大小几乎相等，呈放射状排列。

生态习性 在海洋中营浮游生活。

分　　布 世界广布种，在我国各海域均有分布。

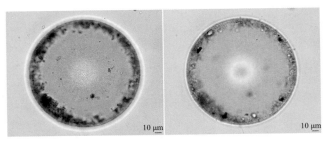

星脐圆筛藻 *Coscinodiscus asteromphalus* Ehrenberg，1844

弓束圆筛藻
Coscinodiscus curvatulus **Grunow，1878**

分类地位 硅藻门 Bacillariophyta 中心纲 Centricae 盘状硅藻目 Discoidales 圆筛藻科 Coscinodiscaceae 圆筛藻属 *Coscinodiscus*

形态特征 壳面圆而平，中央无玫瑰纹。壳面孔纹从中央到壳缘呈弧形束状排列，共有 11 ~ 16 束。

生态习性 在海洋中主要营浮游生活，也可在底栖动物的肠胃中或大型海藻上的附着硅藻样品中找到。

分　　布 世界广布种，在我国各海域均有分布，但数量极少。

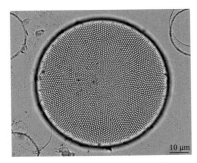

弓束圆筛藻 *Coscinodiscus curvatulus* Grunow，1878

减小圆筛藻
Coscinodiscus decrescens Grunow，1878

分类地位　硅藻门 Bacillariophyta 中心纲 Centricae 盘状硅藻目 Discoidales 圆筛藻科 Coscinodiscaceae 圆筛藻属 *Coscinodiscus*

形态特征　细胞圆盘形。壳面中部孔纹大，至近壳缘处骤然缩小，呈不明显的放射状和螺旋状排列。壳缘狭，无真孔。

生态习性　常见于潮间带和表层沉积物中，也可在浮游植物样品中找到。

分　　布　日本海、中美洲的巴巴多斯等地均有分布。在我国东海、南海有记录。

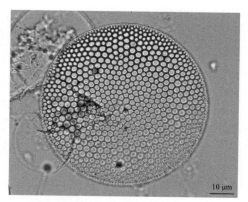

减小圆筛藻 *Coscinodiscus decrescens* Grunow，1878

虹彩圆筛藻
Coscinodiscus oculus-iridis（Ehrenberg）Ehrenberg，1840

分类地位　硅藻门 Bacillariophyta 中心纲 Centricae 盘状硅藻目 Discoidales 圆筛藻科 Coscinodiscaceae 圆筛藻属 *Coscinodiscus*

形态特征　壳面中央具有大而明显的玫瑰纹，孔纹呈放射状和螺旋状排列。本种和星脐圆筛藻很相似，但前者壳中部至边缘孔纹逐渐增大，而后者壳面孔纹大小几乎相等。

生态习性　在海洋中营浮游生活。

分　　布　世界广布种。在我国各海域均有分布。

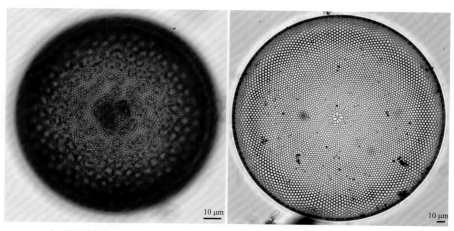

虹彩圆筛藻 *Coscinodiscus oculus-iridis*（Ehrenberg）Ehrenberg，1840

辐射列圆筛藻
Coscinodiscus radiatus Ehrenberg，1840

分类地位　硅藻门 Bacillariophyta 中心纲 Centricae 盘状硅藻目 Discoidales 圆筛藻科 Coscinodiscaceae 圆筛藻属 *Coscinodiscus*

形态特征　壳面几乎是平的，壳套很低。壳面无玫瑰纹或中央无纹区。本种与蛇目圆筛藻极相似，但本种壳面孔纹大小相近，仅在壳缘有 1～2 行骤然缩小的孔纹。此外，本种壳面上具有唇形突，而蛇目圆筛藻壳面无此结构。

生态习性　在海洋中营浮游或底栖生活。

分　　布　世界广布种，在我国近海较为常见。

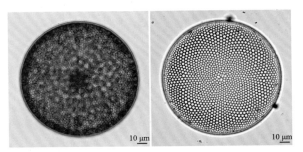

辐射列圆筛藻 *Coscinodiscus radiatus* Ehrenberg，1840

威利圆筛藻
Coscinodiscus wailesii Gran & Angst，1931

分类地位　硅藻门 Bacillariophyta 中心纲 Centricae 盘状硅藻目 Discoidales 圆筛藻科 Coscinodiscaceae 圆筛藻属 *Coscinodiscus*

形态特征　细胞较大，甚至肉眼可见。细胞壁硅质化程度较弱，壳面具有明显的中央无纹区。壳面孔纹呈放射状排列。色素体小盘状，数量很多。

生态习性　在海洋中营浮游生活。

分　　布　北温带至亚热带种类，在我国各海域均有分布。

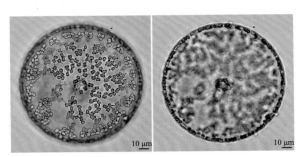

威利圆筛藻 *Coscinodiscus wailesii* Gran & Angst，1931

琼氏拟圆筛藻

Coscinodiscopsis jonesiana（Greville）**E. A. Sar & I. Sunesen**

分类地位　硅藻门 Bacillariophyta 中心纲 Centricae 盘状硅藻目 Discoidales 圆筛藻科 Coscinodiscaceae 拟圆筛藻属 *Coscinodiscopsis*

形态特征　壳面圆，中部高凸，中央大都有玫瑰纹。壳面孔纹较小，呈放射状和螺旋状排列。壳面生小刺，壳缘有 2 个相距 120° 的大唇形突。

生态习性　在海洋中营浮游生活。

分　　布　偏暖性大洋及沿岸种类，半咸水区域亦有。在我国各海域均有分布。

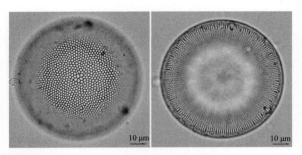

琼氏拟圆筛藻 *Coscinodiscopsis jonesiana*（Greville）E. A. Sar & I. Sunesen

条纹小环藻

Cyclotella striata（**Kützing**）**Grunow**，**1880**

分类地位　硅藻门 Bacillariophyta 中心纲 Centricae 盘状硅藻目 Discoidales 圆筛藻科 Coscinodiscaceae 小环藻属 *Cyclotella*

形态特征　壳面圆，明显地分为中央区和边缘区。中央区有蠕虫状隆起，分布有若干个呈新月形排列的支持突。边缘区占壳面直径的 1/6 ～ 1/3；肋纹呈棒条状，由不规则排列的孔纹组成，其中两边的孔纹较大。壳缘有 1 圈支持突。

生态习性　在海洋中营浮游或附着生活。

分　　布　世界广布种，在我国近海均有分布。

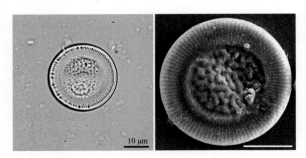

条纹小环藻 *Cyclotella striata*（Kützing）Grunow，1880

细小波形藻
Cymatotheca minima Voigt，1960

分类地位 硅藻门 Bacillariophyta 中心纲 Centricae 盘状硅藻目 Discoidales 圆筛藻科 Coscinodiscaceae 波形藻属 *Cymatotheca*

形态特征 细胞较小。壳面近圆形至椭圆形,表面高低不平,凹陷的部分小于凸起的部分。在一半壳面上,孔纹呈放射状排列,且条纹间距较宽;另一半壳面的孔纹较密,排列不规则。

生态习性 在海洋中营浮游或底栖生活。

分 布 该种在全球的分布尚不清晰,曾在我国福建东山海域形成赤潮。

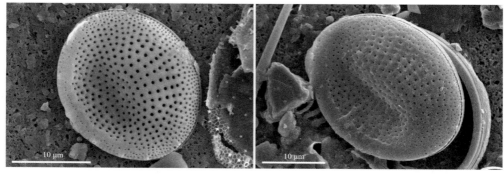

细小波形藻 *Cymatotheca minima* Voigt，1960

爱氏辐环藻小型变种
Actinocyclus ehrenbergii var. *parva* Hajós & Pálfalvy，1960

分类地位 硅藻门 Bacillariophyta 中心纲 Centricae 盘状硅藻目 Discoidales 圆筛藻科 Coscinodiscaceae 辐环藻属 *Actinocyclus*

形态特征 壳面圆且平,硅质壳较厚。壳面孔纹近圆形,较为清晰;中部孔纹较稀疏,排列不规则。

生态习性 在海洋中营浮游生活。

分 布 该种在全球的分布尚不清晰,但在我国为首次记录。

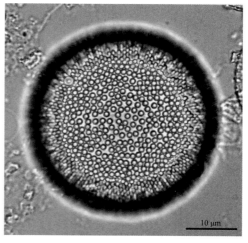

爱氏辐环藻小型变种 *Actinocyclus ehrenbergii* var. *parva* Hajós & Pálfalvy，1960

广卵罗氏藻

Roperia latiovala Chen & Qian，1984

分类地位　硅藻门 Bacillariophyta 中心纲 Centricae 盘状硅藻目 Discoidales 圆筛藻科 Coscinodiscaceae 罗氏藻属 *Roperia*

形态特征　细胞近似卵形，壳面长度和宽度接近。壳面平，壳套直。壳面孔纹外被筛膜，壳缘分布有 1 圈唇形突。

生态习性　在海洋中营浮游生活。

分　　布　曾记录于东海济州岛以南海域。

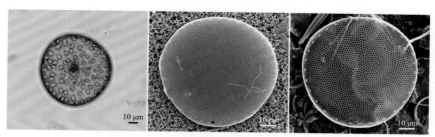

广卵罗氏藻 *Roperia latiovala* Chen & Qian，1984

环状辐裥藻

Actinoptychus annulatus（Wallich）Grunow，1883

分类地位　硅藻门 Bacillariophyta 中心纲 Centricae 盘状硅藻目 Discoidales 圆筛藻科 Coscinodiscaceae 辐裥藻属 *Actinoptychus*

形态特征　壳面为三角形，角端钝圆，两角之间的壳面边缘略凹。壳面孔纹成列并随壳面起伏，中心有近圆形至星形的无纹区。

生态习性　在海洋中营底栖生活，也可在浮游植物样品以及底栖动物消化道中找到。

分　　布　在国外曾记录于菲律宾、印度尼西亚等地，在我国黄海、东海和南海沿岸均有分布。

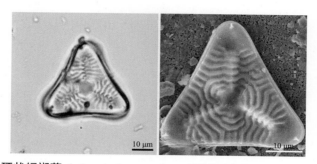

环状辐裥藻 *Actinoptychus annulatus*（Wallich）Grunow，1883

波状辐裥藻
Actinoptychus undulatus（**Kützing**）**Ralfs**，**1861**

分类地位　硅藻门 Bacillariophyta 中心纲 Centricae 盘状硅藻目 Discoidales 圆筛藻科 Coscinodiscaceae 辐裥藻属 *Actinoptychus*

形态特征　细胞较小，单独生活。壳面由 6 块高低相间排列的扇形区组成，凸起的 3 个扇形区壳缘、中央各分布有 1 个唇形突。壳面具有呈六角形的中心无纹区。

生态习性　在海洋中营底栖生活。

分　　布　世界广布种，我国各海域均有分布。

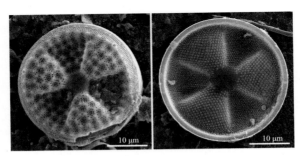

波状辐裥藻 *Actinoptychus undulatus*（Kützing）Ralfs，1861

克氏星脐藻
Asteromphalus cleveanus **Grunow**，**1876**

分类地位　硅藻门 Bacillariophyta 中心纲 Centricae 盘状硅藻目 Discoidales 圆筛藻科 Coscinodiscaceae 星脐藻属 *Asteromphalus*

形态特征　细胞较小，单独生活。壳面呈长卵圆形，星脐区近圆形，从星脐区生出 10 条透明无纹区，其中 1 条很细并延伸至边缘。

生态习性　在海洋中营浮游生活。

分　　布　世界广布种，在我国曾记录于厦门。

克氏星脐藻 *Asteromphalus cleveanus* Grunow，1876

艾伦海链藻肋纹变种
Thalassiosira allenii var. *striata* Guo & Li，2017

分类地位　硅藻门 Bacillariophyta 中心纲 Centricae 盘状硅藻目 Discoidales 海链藻科 Thalassiosiraceae 海链藻属 *Thalassiosira*

形态特征　细胞单独生活，或 2 个细胞组成短链。壳瓣圆盘形，壳面孔纹呈切线状排列。具有 1 个外管结构不明显的中央支持突和 1 圈外管结构明显的壳缘支持突。壳缘处分布有 1 个唇形突，并具有肋纹结构。

生态习性　在海洋中营浮游生活。

分　　布　曾记录于我国广东湛江、山东青岛、福建厦门和香港海域，在墨西哥锡那罗亚也有记录。

艾伦海链藻肋纹变种 *Thalassiosira allenii* var. *striata* Guo & Li，2017

狭线形海链藻
Thalassiosira anguste-lineata（Schmidt）Fryxell & Hasle，1977

分类地位　硅藻门 Bacillariophyta 中心纲 Centricae 盘状硅藻目 Discoidales 海链藻科 Thalassiosiraceae 海链藻属 *Thalassiosira*

形态特征　壳面呈圆形，环面呈矩形。壳面孔纹呈切线状排列，中央区至壳缘的 1/2 处分布有若干个无外管的支持突；壳缘分布有 1 圈支持突，其中 2 个支持突间有 1 个唇形突。

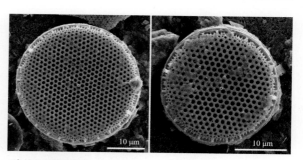

狭线形海链藻 *Thalassiosira anguste-lineata*（Schmidt）Fryxell & Hasle，1977

生态习性　在海洋中营浮游生活。

分　　布　主要分布于太平洋、北大西洋的温带水域。在我国曾记录于黄海南部。

双环海链藻
Thalassiosira diporocyclus Hasle，1972

分类地位　硅藻门 Bacillariophyta 中心纲 Centricae 盘状硅藻目 Discoidales 海链藻科 Thalassiosiraceae 海链藻属 *Thalassiosira*

形态特征　细胞可聚集形成实心的球形或椭球形胶质群体。壳面上具 2 圈支持突：外圈位于壳缘，排列整齐；

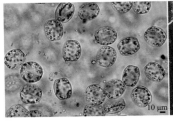

双环海链藻 *Thalassiosira diporocyclus* Hasle，1972

内圈位于距壳缘约 1/3 处，排列不整齐。壳面还具有 1 个稍偏离中心的中央支持突和 1 个壳缘唇形突。

生态习性　在海洋中营浮游生活。

分　　布　一般分布于热带、亚热带和温带海域，在我国曾记录于南澳岛周围海域。

离心列海链藻
Thalassiosira eccentrica（Ehrenberg）Cleve，1904

分类地位　硅藻门 Bacillariophyta 中心纲 Centricae 盘状硅藻目 Discoidales 海链藻科 Thalassiosiraceae 海链藻属 *Thalassiosira*

形态特征　细胞呈鼓形。壳面圆且平，孔纹呈弧状离心排列。壳面上散乱地分布着一些支持突，其中近中心处分布的 1 个支持突开口。此外，近壳套处分布有 1 个唇形突。

生态习性　在海洋中营浮游生活。

分　　布　世界广布种，在我国各海域均有分布，但数量不多。

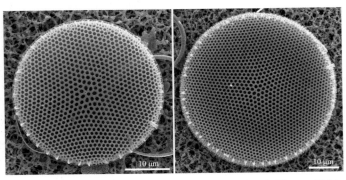

离心列海链藻 *Thalassiosira eccentrica*（Ehrenberg）Cleve，1904

亨氏海链藻
Thalassiosira hendeyi Hasle & Fryxell，1977

分类地位　硅藻门 Bacillariophyta 中心纲 Centricae 盘状硅藻目 Discoidales 海链藻科 Thalassiosiraceae 海链藻属 _Thalassiosira_

形态特征　细胞呈圆盘形，色素体为球形或椭球形。壳面具有 1 个中央支持突和 1 圈壳缘支持突。此外，壳缘处还分布有 2 个紧邻支持突的唇形突。

生态习性　在海洋中营浮游生活。

分　　布　曾记录于我国香港海域，在非洲西部沿海、美国旧金山湾以及黑尔戈兰岛和叙尔特岛等海域也有分布。

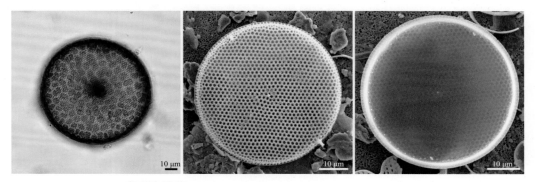

亨氏海链藻 _Thalassiosira hendeyi_ Hasle & Fryxell，1977

利氏海链藻
Thalassiosira livingstoniorum Prasad，Hargraves & Nienow，2011

分类地位　硅藻门 Bacillariophyta 中心纲 Centricae 盘状硅藻目 Discoidales 海链藻科 Thalassiosiraceae 海链藻属 _Thalassiosira_

形态特征　细胞呈圆盘形。壳面孔纹小，呈放射状排列。壳缘处具 1 圈支持突和 1 个唇形突，距壳缘 1/2 处也分布有 1 圈支持突。

生态习性　在海洋中营浮游生活。

分　　布　曾记录于美国阿巴拉契湾，在我国为首次记录。

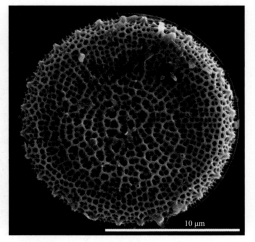

利氏海链藻 _Thalassiosira livingstoniorum_ Prasad，Hargraves & Nienow，2011

圆海链藻
Thalassiosira gravida Cleve，1896

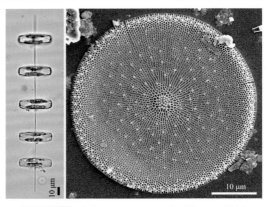

圆海链藻 *Thalassiosira gravida* Cleve，1896

分类地位 硅藻门 Bacillariophyta 中心纲 Centricae 盘状硅藻目 Discoidales 海链藻科 Thalassiosiraceae 海链藻属 *Thalassiosira*

形态特征 细胞圆盘状，壳面中央有1条较粗的胶质丝将相邻细胞连接成直的或略弯的链状群体。除壳面中部具有支持突外，壳套上也散乱地分布着许多支持突。壳面边缘还具有1个唇形突。

生态习性 在海洋中营浮游生活。

分　　布 常记录于温带海域，在我国各海域均有分布。

柔弱海链藻
Thalassiosira tenera Proschkina-Lavrenko，1961

分类地位 硅藻门 Bacillariophyta 中心纲 Centricae 盘状硅藻目 Discoidales 海链藻科 Thalassiosiraceae 海链藻属 *Thalassiosira*

形态特征 细胞由1条胶质丝连接。环面观为矩形。壳面圆且平。壳面与环面几乎垂直。壳面上的孔纹呈直线列状排列。

生态习性 在海水或淡水中营浮游生活。

分　　布 世界广布种，在我国曾记录于福建、广东沿海以及黄海南部。

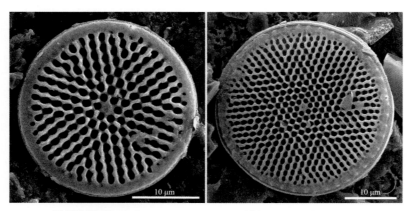

柔弱海链藻 *Thalassiosira tenera* Proschkina-Lavrenko，1961

海链藻
Thalassiosira sp.

分类地位　硅藻门 Bacillariophyta 中心纲 Centricae 盘状硅藻目 Discoidales 海链藻科 Thalassiosiraceae 海链藻属 *Thalassiosira*

形态特征　壳面圆形，孔纹呈螺旋状和束状排列，中央有 1 个稍偏离中心的支持突，壳缘有 1 圈支持突和 1 个唇形突。

生态习性　在海洋中营浮游生活。

海链藻 *Thalassiosira* sp.

环纹娄氏藻
Lauderia annulata Cleve，1873

分类地位　硅藻门 Bacillariophyta 中心纲 Centricae 盘状硅藻目 Discoidales 海链藻科 Thalassiosiraceae 娄氏藻属 *Lauderia*

形态特征　细胞短圆柱状，通过长短不一的小棘连成直链。壳面圆而略突，中央略凹。色素体为小板状，多数。

生态习性　在海洋中营浮游生活。

分　　布　广温近岸种，在我国各海域均有分布。

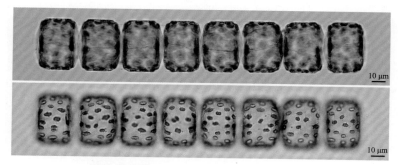

环纹娄氏藻 *Lauderia annulata* Cleve，1873

热带骨条藻
Skeletonema tropicum Cleve，1900

分类地位　硅藻门 Bacillariophyta 中心纲 Centricae 盘状硅藻目 Discoidales 骨条藻科 Skeletonemaceae 骨条藻属 *Skeletonema*

形态特征　细胞较扁，直径较大。壳面边缘生 1 圈 10 个左右的支持突，相邻细胞以之相接成长链，且连接结明显。

生态习性　在海洋或河口区营浮游生活。

分　　布　世界广布种，在我国近海和河口较普遍。

热带骨条藻 *Skeletonema tropicum* Cleve，1900

塔形冠盖藻
Stephanopyxis turris（Greville）Ralfs，1861

分类地位　硅藻门 Bacillariophyta 中心纲 Centricae 盘状硅藻目 Discoidales 骨条藻科 Skeletonemaceae 冠盖藻属 *Stephanopyxis*

形态特征　细胞较细长，长卵形。壳面圆，平或略突起。壳面边缘生 1 圈管状刺，相邻细胞以之相连成直链状群体。

生态习性　在海洋中营浮游生活。

分　　布　暖水近岸种，在我国黄海、东海和南海均有分布。

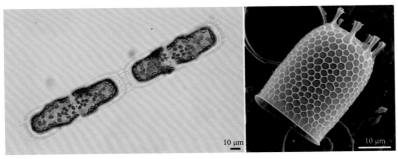

塔形冠盖藻 *Stephanopyxis turris*（Greville）Ralfs，1861

柔弱几内亚藻
Guinardia delicatula（Cleve）Halse，1997

　　分类地位　硅藻门 Bacillariophyta 中心纲 Centricae 盘状硅藻目 Discoidales 细柱藻科 Leptocylindraceae 几内亚藻属 *Guinardia*

　　形态特征　细胞短圆柱状。壳面靠近边缘处向外斜伸出一短刺，相邻细胞以之相连成直链状群体。色素体为大板状。

　　生态习性　在海洋中营浮游生活。

　　分　　布　温带近岸种，在我国各海域皆有分布。

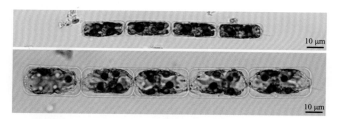

柔弱几内亚藻 *Guinardia delicatula*（Cleve）Halse，1997

薄壁几内亚藻
Guinardia flaccida（Castracane）Peragallo，1892

　　分类地位　硅藻门 Bacillariophyta 中心纲 Centricae 盘状硅藻目 Discoidales 细柱藻科 Leptocylindraceae 几内亚藻属 *Guinardia*

　　形态特征　细胞长圆柱状。壳面圆形，边缘有 1～2 个不明显的钝齿状突起。壳环面有许多环形间插带。相邻细胞常以壳面相连成短链，细胞间无明显空隙。

　　生态习性　在海洋中营浮游生活。

　　分　　布　在热带海域常见，在我国黄海、东海和南海均有分布。

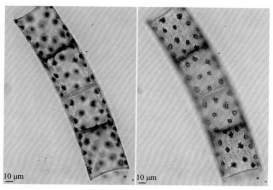

薄壁几内亚藻 *Guinardia flaccida*（Castracane）Peragallo，1892

斯氏几内亚藻
Guinardia striata（Stolterfoth）Hasle，1996

　　分类地位　硅藻门 Bacillariophyta 中心纲 Centricae 盘状硅藻目 Discoidales 细柱藻科 Leptocylindraceae 几内亚藻属 *Guinardia*

　　形态特征　细胞弧形弯曲。壳面靠近边缘处向外斜伸出一短刺，相邻细胞以之相连成螺旋状群体。色素体为小椭球形。

　　生态习性　在海洋中营浮游生活。

　　分　　布　世界广布种，在我国各海域皆有分布。

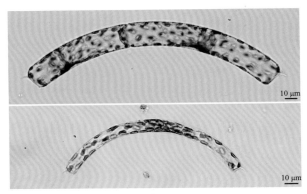

斯氏几内亚藻 *Guinardia striata*（Stolterfoth）Hasle，1996

丹麦细柱藻
Leptocylindrus danicus Cleve，1889

　　分类地位　硅藻门 Bacillariophyta 中心纲 Centricae 盘状硅藻目 Discoidales 细柱藻科 Leptocylindraceae 细柱藻属 *Leptocylindrus*

　　形态特征　细胞长圆柱形，高为直径的 2～12 倍。相邻细胞以壳面相连成直的或略带波状弯曲的细长群体。色素体小板状，多数。

　　生态习性　在海洋中营浮游生活。

　　分　　布　世界广布种，在我国各海域皆有分布。

丹麦细柱藻 *Leptocylindrus danicus* Cleve，1889

棘冠藻

Corethron criophilum Castracane，1886

分类地位　硅藻门 Bacillariophyta 中心纲 Centricae 盘状硅藻目 Discoidales 棘冠藻科 Corethronaceae 棘冠藻属 *Corethron*

形态特征　细胞短圆柱状，较大，细胞壁较薄。两壳面隆起，半球状，壳缘生 1 圈长刺。色素体小盘状，多数。

生态习性　在海洋中营浮游生活。

分　　布　世界广布种，在我国各海域皆有分布。

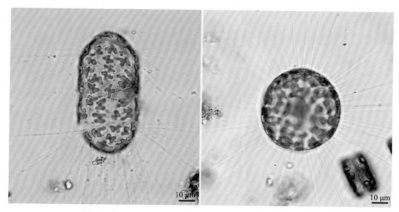

棘冠藻 *Corethron criophilum* Castracane，1886

刚毛根管藻

Rhizosolenia setigera Brightwell，1858

分类地位　硅藻门 Bacillariophyta 中心纲 Centricae 管状硅藻目 Rhizosoleniales 根管藻科 Rhizosoleniaceae 根管藻属 *Rhizosolenia*

形态特征　细胞长圆柱状，常单独生活，偶见短链群体。壳面锥形突起高而略偏，其上生一实心的细长刺。色素体小椭球形，多数。

生态习性　在海洋中营浮游生活。

分　　布　世界广布种，在我国各海域皆有分布。

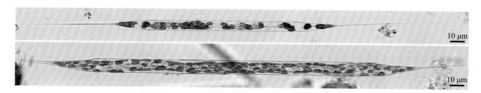

刚毛根管藻 *Rhizosolenia setigera* Brightwell，1858

笔尖形根管藻
Rhizosolenia styliformis Brightwell，1858

分类地位　硅藻门 Bacillariophyta 中心纲 Centricae 管状硅藻目 Rhizosoleniales 根管藻科 Rhizosoleniaceae 根管藻属 *Rhizosolenia*

形态特征　细胞长而直，圆筒状，常单独生活，或形成短链。壳面凸起，呈较高的斜锥形，顶端生一较粗的短刺，刺的基部膨大、中空，并且两侧生翼。

生态习性　在海洋中营浮游生活。

分　　布　广温性外洋种，在我国各海域皆有分布。

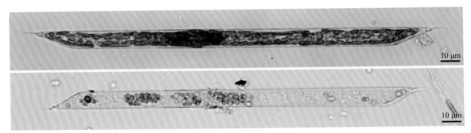

笔尖形根管藻 *Rhizosolenia styliformis* Brightwell，1858

地中海辐杆藻
Bacteriastrum mediterraneum Pavillard，1916

分类地位　硅藻门 Bacillariophyta 中心纲 Centricae 盒形硅藻目 Biddulphiales 辐杆藻科 Bacteriastraceae 辐杆藻属 *Bacteriastrum*

形态特征　壳面平，边缘生有18条左右的纤细的刺毛，刺毛基部短于分叉部。细胞链端刺毛与链内刺毛粗细相同，但两端刺毛形态不同。

生态习性　在海洋中营浮游生活。

分　　布　热带外洋种，在我国曾记录于山东青岛和福建东山沿海。

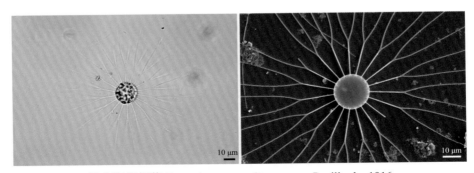

地中海辐杆藻 *Bacteriastrum mediterraneum* Pavillard，1916

旋链角毛藻
Chaetoceros curvisetus Cleve，1889

分类地位 硅藻门 Bacillariophyta 中心纲 Centricae 盒形硅藻目 Biddulphiales 角毛藻科 Chaetoceroceae 角毛藻属 *Chaetoceros*

形态特征 细胞链呈螺旋状弯曲。细胞宽环面长方形。细胞间隙纺锤形、椭圆形或圆形。全部角毛都弯向链的凸侧。

生态习性 在海洋中营浮游生活。

分　　布 广温性沿岸种，在我国各海域皆有分布。

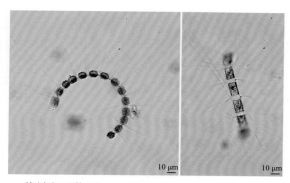

旋链角毛藻 *Chaetoceros curvisetus* Cleve，1889

柔弱角毛藻
Chaetoceros debilis Cleve，1894

分类地位 硅藻门 Bacillariophyta 中心纲 Centricae 盒形硅藻目 Biddulphiales 角毛藻科 Chaetoceroceae 角毛藻属 *Chaetoceros*

形态特征 细胞链呈螺旋状弯曲。细胞宽环面长方形，宽大于高。壳面平或中央微凸。细胞间隙为长条形。角毛细而弯。

生态习性 在海洋中营浮游生活。

分　　布 世界广布种，在我国各海域皆有分布。

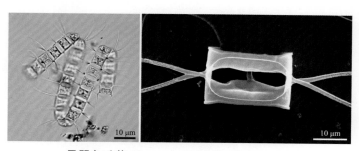

柔弱角毛藻 *Chaetoceros debilis* Cleve，1894

并基角毛藻
Chaetoceros decipiens Cleve，1873

分类地位 硅藻门 Bacillariophyta 中心纲 Centricae 盒形硅藻目 Biddulphiales 角毛藻科 Chaetoceroceae 角毛藻属 *Chaetoceros*

形态特征 细胞宽环面长方形，四角尖。壳面平或中部微凹。细胞间隙长椭圆形。角毛较长且细。链内细胞角毛相交点粘连一小段，无粗点纹。

生态习性 在海洋中营浮游生活。

分　　布 北极至温带广盐性种，在我国黄海、东海和南海北部皆有分布。

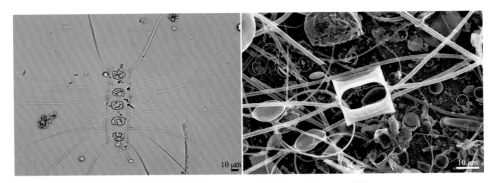

并基角毛藻 *Chaetoceros decipiens* Cleve，1873

圆柱角毛藻
Chaetoceros teres Cleve，1896

分类地位 硅藻门 Bacillariophyta 中心纲 Centricae 盒形硅藻目 Biddulphiales 角毛藻科 Chaetoceroceae 角毛藻属 *Chaetoceros*

形态特征 细胞链直。细胞环面长方形，一般高大于宽，四角尖。壳面平或微凸。细胞间隙长条形，有时甚窄，难以辨认。

生态习性 在海洋中营浮游生活。

分　　布 北温带近岸种，在我国渤海、黄海和东海皆有记录。

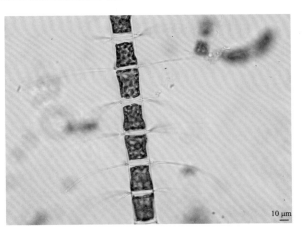

圆柱角毛藻 *Chaetoceros teres* Cleve，1896

网纹盒形藻

Biddulphia retiformis **Mann，1925**

分类地位 硅藻门 Bacillariophyta 中心纲 Centricae 盒形硅藻目 Biddulphiales 盒形藻科 Biddulphiaceae 盒形藻属 *Biddulphia*

形态特征 壳面为梭形，略凸，其上分布有不规则的网纹状结构。壳面两端生粗短的角，角顶端圆如球形，靠近角的位置生出较细的刺状突起。

生态习性 在海洋中营浮游生活。

分　　布 我国曾记录于福建金门。

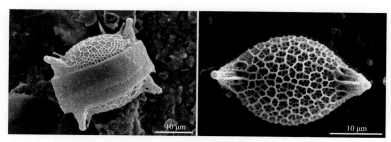

网纹盒形藻 *Biddulphia retiformis* Mann，1925

活动战船藻

Trieres mobiliensis（Bailey）**Ashworth & Theriot，2013**

分类地位 硅藻门 Bacillariophyta 中心纲 Centricae 盒形硅藻目 Biddulphiales 盒形藻科 Biddulphiaceae 战船藻属 *Trieres*

形态特征 壳面中部平坦，两端各生一长角，角内侧较远处生刺，刺的伸出方向与长角方向相同。

生态习性 在海洋中营浮游生活。

分　　布 世界广布种，在我国各海域皆有分布。

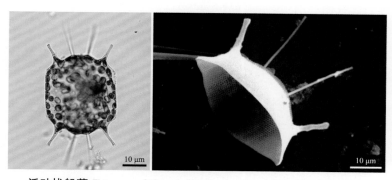

活动战船藻 *Trieres mobiliensis*（Bailey）Ashworth & Theriot，2013

高战船藻

Trieres regia（Schultze）Ashworth & Theriot，2013

分类地位　硅藻门 Bacillariophyta 中心纲 Centricae 盒形硅藻目 Biddulphiales 盒形藻科 Biddulphiaceae 战船藻属 *Trieres*

形态特征　细胞宽环面高大于宽。壳面中部平坦，两端各生一短角，角内侧生长刺，角与刺的距离稍大。

生态习性　在海洋中营浮游生活。

分　　布　暖温带至热带近海种，在我国各海域皆有分布。

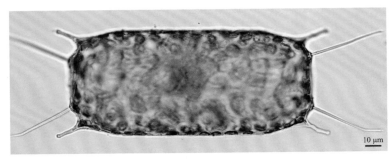

高战船藻 *Trieres regia*（Schultze）Ashworth & Theriot，2013

中华战船藻

Trieres sinensis（Greville）Ashworth & Theriot，2013

分类地位　硅藻门 Bacillariophyta 中心纲 Centricae 盒形硅藻目 Biddulphiales 盒形藻科 Biddulphiaceae 战船藻属 *Trieres*

形态特征　壳面中部平或稍凹；两端稍隆起，各生一短棒状的角，角内侧生一中空的长刺。本种与高战船藻相似，但本种短角与长刺之间的距离较小。

生态习性　在海洋中营浮游生活

分　　布　在我国各海域较普遍分布。

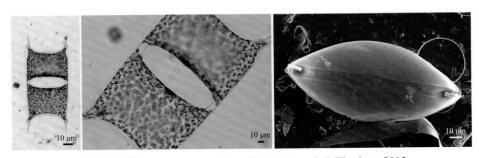

中华战船藻 *Trieres sinensis*（Greville）Ashworth & Theriot，2013

双角拟网藻
Pseudictyota bicorne（Cleve）Sims & Williams，2018

分类地位 硅藻门 Bacillariophyta 中心纲 Centricae 盒形硅藻目 Biddulphiales 盒形藻科 Biddulphiaceae 拟网藻属 *Pseudictyota*

形态特征 壳面扁菱形，略凹，中部平，两端有呈对角线斜伸的粗短钝突，两侧各生1根较长的刺。壳面与壳套上有不规则的网状纹。

生态习性 在海洋中营浮游或附着生活。

分　　布 在国外曾记录于日本、菲律宾、美国加州等地，在我国胶州湾、福建泉州和漳州以及广东等地均有分布。

双角拟网藻 *Pseudictyota bicorne*（Cleve）Sims & Williams，2018

网状拟网藻
Pseudictyota reticulata（Roper）Sims & Williams，2018

分类地位 硅藻门 Bacillariophyta 中心纲 Centricae 盒形硅藻目 Biddulphiales 盒形藻科 Biddulphiaceae 拟网藻属 *Pseudictyota*

形态特征 壳面宽披针形，两端隆起，两侧各有1个唇形突，外管较长，开口。壳面和壳套上分布有不规则的网状纹。

生态习性 在海洋中营浮游生活。

分　　布 曾记录于菲律宾、澳大利亚、瓦努阿图等地。

网状拟网藻 *Pseudictyota reticulata*（Roper）Sims & Williams，2018

中华半管藻
Hemiaulus sinensis Greville，1865

　　分类地位　硅藻门 Bacillariophyta 中心纲 Centricae 盒形硅藻目 Biddulphiales 盒形藻科 Biddulphiaceae 半管藻属 *Hemiaulus*

　　形态特征　壳面平或中部微凸，分布着被复杂的筛膜所覆盖的孔，长轴两端各有一粗短的突起，末端一侧生小爪。相邻细胞以小爪相连形成直的或弯的细胞链。壳套高。

　　生态习性　在海洋中营浮游生活。

　　分　　布　温带至热带沿岸种，在我国各海域皆有分布。

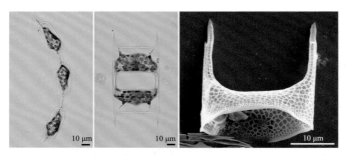

中华半管藻 *Hemiaulus sinensis* Greville，1865

大角管藻
Cerataulina daemon（Greville）Hasle，1980

　　分类地位　硅藻门 Bacillariophyta 中心纲 Centricae 盒形硅藻目 Biddulphiales 盒形藻科 Biddulphiaceae 角管藻属 *Cerataulina*

　　形态特征　细胞圆柱形。壳面扁平。相邻细胞以壳缘处的小短角相连成直链状群体。细胞环面有很多领状间插带。

　　生态习性　在海洋中营浮游生活。

　　分　　布　在我国东海南部和南海曾有记录。

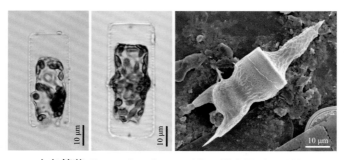

大角管藻 *Cerataulina daemon*（Greville）Hasle，1980

蜂窝三角藻

Triceratium favus Ehrenberg，1839

分类地位 硅藻门 Bacillariophyta 中心纲 Centricae 盒形硅藻目 Biddulphiales 盒形藻科 Biddulphiaceae 三角藻属 Triceratium

形态特征 壳面为三角形，各边略凹，各角有粗短的钝乳头状突起。壳面上的筛孔为六角形。壳套低。

生态习性 在海洋中营浮游或底栖生活。

分 布 广温性潮间带种，在我国各海域皆有分布。

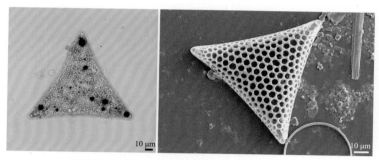

蜂窝三角藻 Triceratium favus Ehrenberg，1839

网纹三角藻

Triceratium reticulum Ehrenberg，1844

分类地位 硅藻门 Bacillariophyta 中心纲 Centricae 盒形硅藻目 Biddulphiales 盒形藻科 Biddulphiaceae 三角藻属 Triceratium

形态特征 壳面三角形，边缘直或微凹，中部轻微隆起。角上有圆形突起，突起上分布有细点纹。孔纹为不规则圆形，排列较不整齐。

生态习性 在海水或半咸水中营底栖或附着生活。

分 布 在国外曾记录于日本、爪哇岛、欧洲北海、地中海、南非、美国檀香山、墨西哥，在我国东海、南海有分布。

网纹三角藻 Triceratium reticulum Ehrenberg，1844

布氏双尾藻
Ditylum brightwellii（West）Grunow，1885

分类地位　硅藻门 Bacillariophyta 中心纲 Centricae 盒形硅藻目 Biddulphiales 盒形藻科 Biddulphiaceae 双尾藻属 *Ditylum*

形态特征　细胞常为三角柱状体，单独生活。壳面为三角形，边缘生有刺冠，中央生一中空大刺。孔纹呈放射状排列。细胞壁薄且透明。

生态习性　在海洋中营浮游生活。

分　　布　世界广布种，在我国各海域皆有分布。

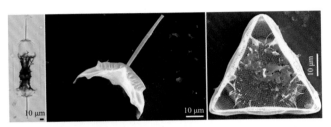

布氏双尾藻 *Ditylum brightwellii*（West）Grunow，1885

钟形中鼓藻
Bellerochea horologicalis Stosch，1977

分类地位　硅藻门 Bacillariophyta 中心纲 Centricae 盒形硅藻目 Biddulphiales 盒形藻科 Biddulphiaceae 中鼓藻属 *Bellerochea*

形态特征　细胞链沿壳面切顶轴方向呈螺旋状弯曲，在光学显微镜下呈现的常是细胞的窄环面。细胞间隙为哑铃状。壳面披针形，环面近似长方形。色素体小，多数。

生态习性　在海洋中营浮游生活。

分　　布　热带外洋种，但在近海也能找到。在我国曾记录于福建近海、浙江外海和中沙群岛附近海域。

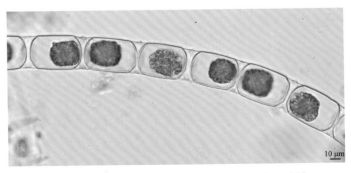

钟形中鼓藻 *Bellerochea horologicalis* Stosch，1977

锤状中鼓藻

Bellerochea malleus（Brightwell）**Van Heurck，1885**

分类地位　硅藻门 Bacillariophyta 中心纲 Centricae 盒形硅藻目 Biddulphiales 盒形藻科 Biddulphiaceae 中鼓藻属 *Bellerochea*

形态特征　细胞壁硅质化程度很弱，壳面椭圆形，宽环面近似长方形。壳面隆起，壳缘稍凹形成 2 个短角。细胞以短角相连形成直且长的细胞链。

生态习性　在海洋中营浮游生活。

分　　布　温带、热带大洋和沿岸种，在我国各海域皆有分布。

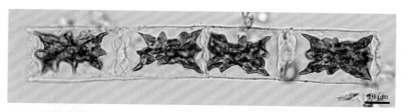

锤状中鼓藻 *Bellerochea malleus*（Brightwell）Van Heurck，1885

短角弯角藻

Eucampia zodiacus **Ehrenberg，1839**

分类地位　硅藻门 Bacillariophyta 中心纲 Centricae 盒形硅藻目 Biddulphiales 真弯藻科 Eucampiaceae 弯角藻属 *Eucampia*

形态特征　细胞宽环面呈"工"字形。壳面中部凹下，顶轴两端各生一顶端截平的短角，一边的稍长，另一边的稍短。细胞以短角相连为螺旋状群体。

生态习性　在海洋中营浮游生活。

分　　布　世界广布种，在我国各海域皆有分布。

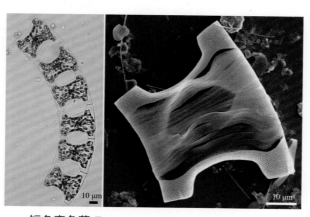

短角弯角藻 *Eucampia zodiacus* Ehrenberg，1839

泰晤士旋鞘藻
Helicotheca tamesis（Shrubsole）Ricard，1987

分类地位 硅藻门 Bacillariophyta 中心纲 Centricae 盒形硅藻目 Biddulphiales 真弯藻科 Eucampiaceae 旋鞘藻属 *Helicotheca*

形态特征 细胞很扁，以壳面紧密相连成膜状群体。此外，细胞链内有的细胞上、下壳面可扭转 90° 使细胞链呈扭转状。

生态习性 在海洋中营浮游生活。

分　　布 世界广布种，在我国黄海、东海和南海均有分布。

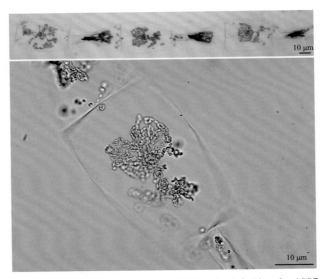

泰晤士旋鞘藻 *Helicotheca tamesis*（Shrubsole）Ricard，1987

鳞翅龙骨藻
Tropidoneis lepidoptera（Gregory）Cleve，1894

分类地位 硅藻门 Bacillariophyta 羽纹纲 Pennatae 舟形藻目 Naviculales 舟形藻科 Naviculaceae 龙骨藻属 *Tropidoneis*

形态特征 细胞单独生活。壳面中部凹下，向壳端翘起。点条纹横向，纤细。中心区很小，透明，不具肋纹，在中节处凹陷。

生态习性 在海洋中营底栖生活，但在浮游植物样品中也可观察到。

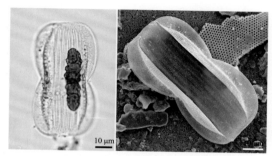

鳞翅龙骨藻 *Tropidoneis lepidoptera*（Gregory）Cleve，1894

分　　布 在国外曾记录于欧洲的北海和亚得里亚海、科隆群岛、北大西洋西部、巴巴多斯，在我国福建平潭和东山曾有记录。

端尖斜纹藻
Pleurosigma acutum Norman ex Ralfs，1861

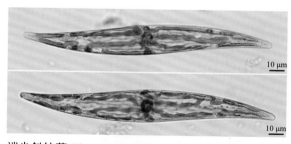

端尖斜纹藻 *Pleurosigma acutum* Norman ex Ralfs, 1861

分类地位 硅藻门 Bacillariophyta 羽纹纲 Pennatae 舟形藻目 Naviculales 舟形藻科 Naviculaceae 斜纹藻属 *Pleurosigma*

形态特征 壳面呈狭长S形，末端很尖。点条纹细，斜点条纹和横点条纹数量接近。色素体为长带状，2个。

生态习性 在海洋中营底栖生活，但在浮游植物样品中也可观察到。

分　　布 在国外曾记录于英国和法国，在我国青岛和香港曾有记录。

宽角斜纹藻
Pleurosigma angulatum（Quekett）Smith，1853

分类地位 硅藻门 Bacillariophyta 羽纹纲 Pennatae 舟形藻目 Naviculales 舟形藻科 Naviculaceae 斜纹藻属 *Pleurosigma*

形态特征 壳面呈舟形，中部略呈菱角状，两端钝或尖圆。壳缝位于中央或近端偏离中心。中节小，圆菱形。斜点条纹交角约 60°。

生态习性 在海水和半咸水中营底栖生活，但在浮游植物样品中也可观察到。

分　　布 世界广布种，在我国曾记录于河北秦皇岛、山东青岛、浙江奉化、福建等地。

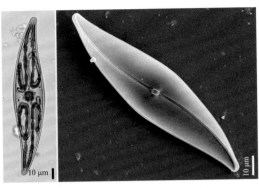

宽角斜纹藻 *Pleurosigma angulatum*（Quekett）Smith，1853

柔弱斜纹藻
Pleurosigma delicatulum Smith，1852

分类地位 硅藻门 Bacillariophyta 羽纹纲 Pennatae 舟形藻目 Naviculales 舟形藻科 Naviculaceae 斜纹藻属 *Pleurosigma*

形态特征 壳面窄舟形，两端略呈 S 形。壳面从中部向两端逐渐变细，两端尖。壳缝在中央，中节大而圆。端节近末端。斜点条纹交角约 60°。

生态习性 在海水、半咸水和淡水中营底栖或浮游生活。

分　　布 在国外曾记录于里海、英国、瑞典、芬兰、红海、南非、洪都拉斯和美国，在我国山东青岛、福建厦门和台湾澎湖列岛均有记录。

柔弱斜纹藻 *Pleurosigma delicatulum* Smith，1852

异纹斜纹藻
Pleurosigma diverse-striatum **Meister**，**1934**

分类地位　硅藻门 Bacillariophyta
羽纹纲 Pennatae 舟形藻目 Naviculales
舟形藻科 Naviculaceae 斜纹藻属
Pleurosigma

形态特征　壳面呈舟形,两端嘴状
突不明显。壳缝呈 S 形,弯度大于壳面,
近端强烈偏离中心。壳面中部点纹较粗。
斜点条纹交角不等大,约 70°。

生态习性　在海洋中营底栖生活,
在浮游植物样品中也可观察到。

分　　布　在我国曾记录于辽宁大连和台湾澎湖列岛。

异纹斜纹藻 *Pleurosigma diverse-striatum* Meister，
1934

镰刀斜纹藻
Pleurosigma falx **Mann**，**1925**

分类地位　硅藻门 Bacillariophyta 羽纹纲 Pennatae 舟形藻目 Naviculales 舟形藻科
Naviculaceae 斜纹藻属 *Pleurosigma*

形态特征　壳面呈舟形,从中部向两端渐窄,两端呈镰刀状。壳缝在中央,近端略
偏离中心。中节较大,圆形至菱形。端节有时明显。中节周围点条纹围绕中节弯曲。
斜点条纹交角约 70°。

生态习性　在海洋中营底栖生活,在浮游植物样品中也可观察到。

分　　布　在国外曾记录于菲律宾和科隆群岛,在我国海州湾、钱塘江和长江口外
围、台州湾、福建、广东湛江、香港、永兴岛、广西北海等地均有记录。

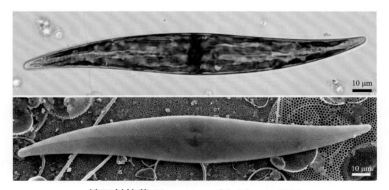

镰刀斜纹藻 *Pleurosigma falx* Mann，1925

中型斜纹藻
Pleurosigma intermedium Smith，1853

分类地位　硅藻门 Bacillariophyta 羽纹纲 Pennatae 舟形藻目 Naviculales 舟形藻科 Naviculaceae 斜纹藻属 *Pleurosigma*

形态特征　壳面呈几乎直的窄舟形，两端很尖。壳缝位于中央，同壳面一样直。中节和端节明显，小而圆。

生态习性　在海洋中营底栖生活，在浮游植物样品中也可观察到。

分　　布　在国外曾记录于英国、法国、荷兰、美国加州和佛罗里达以及加拿大哈得孙湾，在我国辽宁大连、山东烟台、福建、琼州海峡、海南海口和三亚沿海曾有记录。

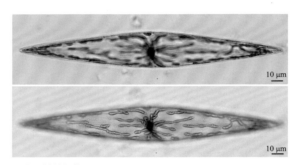

中型斜纹藻 *Pleurosigma intermedium* Smith，1853

柔弱布纹藻
Gyrosigma tenuissimum（Smith）Griffith & Henfrey，1856

分类地位　硅藻门 Bacillariophyta 羽纹纲 Pennatae 舟形藻目 Naviculales 舟形藻科 Naviculaceae 布纹藻属 *Gyrosigma*

形态特征　细胞长，单独生活。壳面大部分较直且两侧平行，至两端逐渐呈 S 形。壳缝近乎全直，仅在端部弯曲。

生态习性　在海水中营底栖生活，在浮游植物样品也可观察到。

分　　布　在国外曾记录于瑞典、芬兰、英国、南非、美国加州和北冰洋，在我国福建厦门曾有记录。

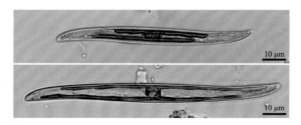

柔弱布纹藻 *Gyrosigma tenuissimum*（Smith）Griffith & Henfrey，1856

蜂腰双壁藻
Diploneis bombus（Ehrenberg）Ehrenberg，1853

　　分类地位　硅藻门 Bacillariophyta 羽纹纲 Pennatae 舟形藻目 Naviculales 舟形藻科 Naviculaceae 双壁藻属 *Diploneis*

　　形态特征　壳面中部深缢缩，两部分等大，均呈宽椭圆形或近圆形。中节方形。角的中部扩大，至末端汇聚。沟明显，中部略凹入。中线两侧各具 3～5 条直的或弧状的纵肋纹。

　　生态习性　在海洋中营底栖生活，在浮游植物样品中也可观察到。

　　分　　布　广温性种，在我国曾记录于山东烟台、浙江宁波、福建沿海、台湾澎湖列岛等地。

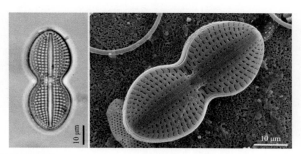

蜂腰双壁藻 *Diploneis bombus*（Ehrenberg）Ehrenberg，1853

威氏双壁藻
Diploneis weissflogii（Schmidt）Cleve，1894

　　分类地位　硅藻门 Bacillariophyta 羽纹纲 Pennatae 舟形藻目 Naviculales 舟形藻科 Naviculaceae 双壁藻属 *Diploneis*

　　形态特征　壳面中部深缢缩，两部分均呈菱椭圆形。中节略长，外侧各有 1 个圆形点纹。角狭窄，沟不明显。中线两侧有数条弧状的纵肋纹，纵肋纹在中部缢缩处向外急剧旋出。

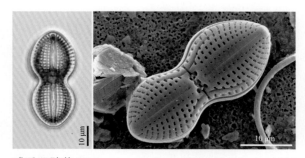

威氏双壁藻 *Diploneis weissflogii*（Schmidt）Cleve，1894

　　生态习性　在海洋中营底栖生活，在浮游植物样品也可观察到。

　　分　　布　在国外曾记录于菲律宾、新加坡、萨摩亚、塔希提岛、斯里兰卡、马达加斯加、冰岛、欧洲北海、美国和中南美洲大西洋沿岸，在我国山东青岛、长江口、钱塘江口、罗源湾、福建厦门、西沙群岛等地均有记录。

双壁藻
Diploneis sp.

分类地位　硅藻门 Bacillariophyta 羽纹纲 Pennatae 舟形藻目 Naviculales 舟形藻科 Naviculaceae 双壁藻属 *Diploneis*

形态特征　壳面中部深缢缩，整体呈哑铃状。壳面上的点条纹仅由一列点纹组成。壳缝中端膨大，端壳缝同侧弯曲。

生态习性　在海水中生活。

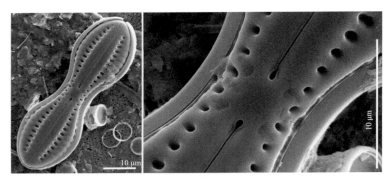

双壁藻 *Diploneis* sp.

粗纹藻
Trachyneis aspera（Ehrenberg）Cleve，1894

分类地位　硅藻门 Bacillariophyta 羽纹纲 Pennatae 舟形藻目 Naviculales 舟形藻科 Naviculaceae 粗纹藻属 *Trachyneis*

形态特征　壳面椭圆形至线椭圆形，两端宽圆或钝圆。壳缝直，中轴区不对称。中心区向两侧加宽，呈扇形，但未达壳缘。点条纹由横向排列的矩形点粗纹组成，呈放射状。

生态习性　在海洋中营浮游、底栖或附着生活。

分　　布　世界广布种，在我国分布广泛。

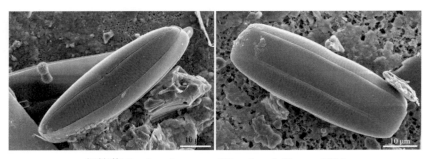

粗纹藻 *Trachyneis aspera*（Ehrenberg）Cleve，1894

直舟形藻
Navicula directa（Smith）Brébisson，1854

分类地位 硅藻门 Bacillariophyta 羽纹纲 Pennatae 舟形藻目 Naviculales 舟形藻科 Naviculaceae 舟形藻属 *Navicula*

形态特征 壳面窄披针形，两端近细尖。壳缝直，中端相互靠近。中轴区非常细狭。中央区小，方形至圆形。点条纹稀疏，平行排列。

生态习性 在海洋中营浮游、底栖或附着生活。

分　　布 世界广布种，在我国曾记录于黄海南部、福建连江和厦门、海南三亚等地。

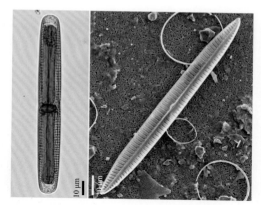

直舟形藻 *Navicula directa*（Smith）Brébisson，1854

似船状舟形藻
Navicula subcarinata（Grunow ex Schmidt）Hendey，1951

分类地位 硅藻门 Bacillariophyta 羽纹纲 Pennatae 舟形藻目 Naviculales 舟形藻科 Naviculaceae 舟形藻属 *Navicula*

形态特征 壳面宽，舟形。两端呈楔形。壳缝直，中端膨大。中轴区细狭，与侧区相连。点条纹略呈放射状。侧区至两端渐细，中部缢缩。

生态习性 在海洋中营底栖或附着生活，在浮游植物样品中也可观察到。

分　　布 在国外曾记录于东南亚、斯里兰卡、塞舌尔群岛、大洋洲、坎佩切湾、巴拿马和海地，在我国东海、西沙群岛和北部湾均有记录。

似船状舟形藻 *Navicula subcarinata*（Grunow ex Schmidt）Hendey，1951

舟形藻
Navicula sp.

分类地位　硅藻门 Bacillariophyta 羽纹纲 Pennatae 舟形藻目 Naviculales 舟形藻科 Naviculaceae 舟形藻属 *Navicula*

形态特征　壳面呈舟形,中部至两端渐细,两端钝圆。色素体为长带状。

生态习性　在海洋中营浮游或底栖生活。

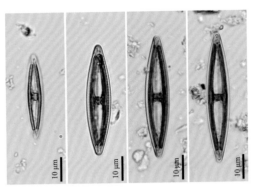

舟形藻 *Navicula* sp.

膜状缪氏藻
Meuniera membranacea（Cleve）Silva，1996

分类地位　硅藻门 Bacillariophyta 羽纹纲 Pennatae 舟形藻目 Naviculales 舟形藻科 Naviculaceae 缪氏藻属 *Meuniera*

形态特征　细胞宽环面为长方形,以壳面连成短直链。壳套与环带间有锯齿状凹陷。色素体长带状,2 个。

生态习性　在海洋中营浮游生活。

分　　布　世界广布种,在我国渤海、黄海和东海均有分布。

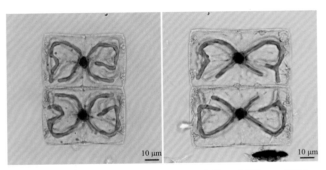

膜状缪氏藻 *Meuniera membranacea*（Cleve）Silva，1996

粗壮半舟藻

Seminavis robusta **Danielidis & Mann，2002**

分类地位　硅藻门 Bacillariophyta 羽纹纲 Pennatae 舟形藻目 Naviculales 舟形藻科 Naviculaceae 半舟藻属 *Seminavis*

形态特征　壳面半披针形。背侧和腹侧点条纹均呈放射状排列。壳缝直，更靠近腹侧。中轴区不对称，背侧部分更宽。

生态习性　在海洋中营底栖或附着生活，在浮游植物样品中也可观察到。

分　　布　首次记录于苏格兰，在我国曾在福建厦门和北部湾有记录。

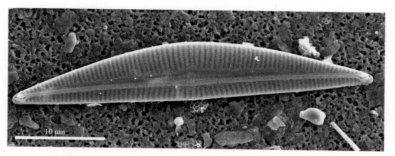

粗壮半舟藻 *Seminavis robusta* Danielidis & Mann，2002

缝舟藻

Rhaphoneis miocenica **Schrader，1973**

分类地位　硅藻门 Bacillariophyta 羽纹纲 Pennatae 等片藻目 Diatomales 等片藻科 Diatomaceae 缝舟藻属 *Rhaphoneis*

形态特征　壳面平，宽披针形，两端钝圆或略尖，硅质化程度强。点条纹略呈放射状排列。中轴区狭窄且明显。

生态习性　在海洋中营底栖生活，在浮游植物样品中也可观察到。

分　　布　首次记录于东北太平洋。

缝舟藻 *Rhaphoneis miocenica* Schrader，1973

小型平片藻
Tabularia parva（**Kützing**）**Williams & Round**，**1986**

分类地位　硅藻门 Bacillariophyta 羽纹纲 Pennatae 等片藻目 Diatomales 等片藻科 Diatomaceae 平片藻属 *Tabularia*

形态特征　壳面细披针形至宽披针形，两端钝圆或尖圆。点条纹由双行的圆点组成，平行排列。拟壳缝适度细至宽，披针形。

生态习性　在海水和半咸水中营附着生活，在浮游植物样品中也可观察到。

分　　布　世界广布种，在我国比较常见。

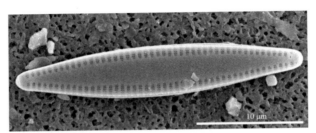

小型平片藻 *Tabularia parva*（Kützing）Williams & Round，1986

光辉阿狄藻
Ardissonea fulgens（**Greville**）**Grunow**，**1880**

分类地位　硅藻门 Bacillariophyta 羽纹纲 Pennatae 等片藻目 Diatomales 等片藻科 Diatomaceae 阿狄藻属 *Ardissonea*

形态特征　壳面细线形，中部和两端略膨大，端部宽圆。横点纹细弱，全部平行。

生态习性　在海水和半咸水中营浮游或附着生活，在浮游植物样品中也可观察到。

分　　布　在国外曾记录于英国、法国、荷兰、澳大利亚、美国，在地中海普遍分布。在我国曾记录于辽宁大连、台湾澎湖列岛、西沙群岛。

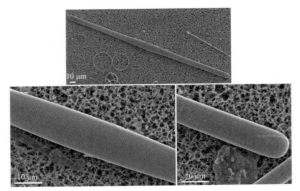

光辉阿狄藻 *Ardissonea fulgens*（Greville）Grunow，1880

冰河拟星杆藻

Asterionellopsis glacialis（Castracane）Round，1990

分类地位　硅藻门 Bacillariophyta 羽纹纲 Pennatae 等片藻目 Diatomales 等片藻科 Diatomaceae 拟星杆藻属 *Asterionellopsis*

形态特征　细胞一端膨大，呈三角形；另一端细长。细胞以膨大端壳面连接成螺旋状群体。色素体板状，1～2 片。

生态习性　在海洋中营浮游生活。

分　　布　世界广布种，在我国各海域均有分布。

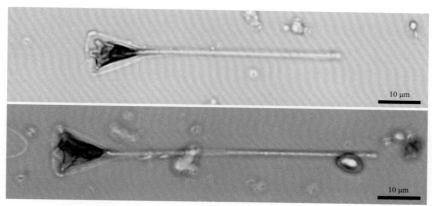

冰河拟星杆藻 *Asterionellopsis glacialis*（Castracane）Round，1990

爱氏楔形藻

Licmophora ehrenbergii（Kützing）Grunow，1867

分类地位　硅藻门 Bacillariophyta 羽纹纲 Pennatae 等片藻目 Diatomales 等片藻科 Diatomaceae 楔形藻属 *Licmophora*

形态特征　壳面宽棒形，一端大，另一端小。环面观扇形。壳面顶端略尖，基部略钝。拟壳缝宽。点条纹很粗。

生态习性　在海洋中营附着生活，在浮游植物样品中也可观察到。

分　　布　在国外曾记录于欧洲北海、英国、爱尔兰、波罗的海、地中海、澳大利亚等地，在我国琼州海峡和琛航岛曾有记录。

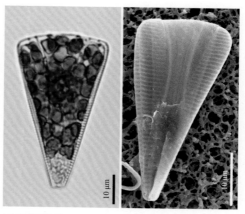

爱氏楔形藻 *Licmophora ehrenbergii*（Kützing）Grunow，1867

扇形楔形藻
Licmophora flabellata（Greville）**Agardh，1831**

分类地位 硅藻门 Bacillariophyta 羽纹纲 Pennatae 等片藻目 Diatomales 等片藻科 Diatomaceae 楔形藻属 *Licmophora*

形态特征 细胞环面呈楔形，隔角尖圆，隔片很短。壳面非常细，棒状。头端宽圆，有 2 个刺突。尾端头状。拟壳缝非常明显。

生态习性 在海洋中营附着生活，在浮游植物样品中也可观察到。

分　　布 在国外曾记录于日本、欧洲大西洋沿岸水域、地中海，在我国黄海北部、福建厦门和东山、琼州海峡等地曾有记录。

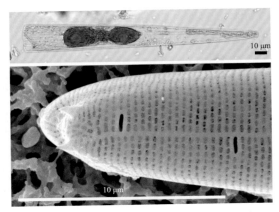

扇形楔形藻 *Licmophora flabellata*（Greville）Agardh，1831

菱形海线藻
Thalassionema nitzschioides（Grunow）**Mereschkowsky，1902**

分类地位 硅藻门 Bacillariophyta 羽纹纲 Pennatae 等片藻目 Diatomales 等片藻科 Diatomaceae 海线藻属 *Thalassionema*

形态特征 细胞短棒状，以胶质连成锯齿状或星状群体。壳面两端钝圆。色素体小颗粒状，多数。

生态习性 在海洋中营浮游生活。

分　　布 世界广布种，在我国各海域皆有分布。

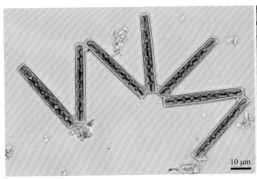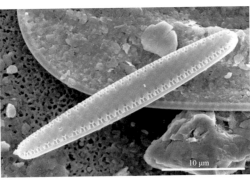

菱形海线藻 *Thalassionema nitzschioides*（Grunow）Mereschkowsky，1902

短柄曲壳藻
Achnanthes brevipes Agardh，1824

分类地位 硅藻门 Bacillariophyta 羽纹纲 Pennatae 曲壳藻目 Achnanthales 曲壳藻科 Achnanthaceae 曲壳藻属 *Achnanthes*

形态特征 壳面线椭圆形至椭圆形，两端宽圆。无壳缝面：拟壳缝细，偏离中心。具壳缝面：壳缝略弯曲；端壳缝弯向同侧；中轴区细，线形；中央区向两侧壳缘扩展，形成"十"字形中节。细胞环面呈屈膝状。

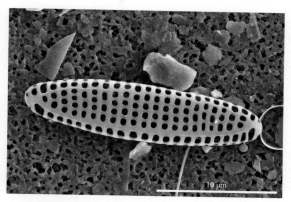

短柄曲壳藻 *Achnanthes brevipes* Agardh，1824

生态习性 在海水至半咸水中营附着生活，在浮游植物样品中也可观察到。

分　　布 国内外广泛分布。

爪哇曲壳藻
Achnanthes javanica Grunow，1880

分类地位 硅藻门 Bacillariophyta 羽纹纲 Pennatae 曲壳藻目 Achnanthales 曲壳藻科 Achnanthaceae 曲壳藻属 *Achnanthes*

形态特征 壳面橄榄形，两端呈钝楔形。无壳缝面：横肋纹平行排列，肋间有 2～3 行相对或相间排列的点纹。具壳缝面：中节向两侧延伸成"十"字形，壳缝直，肋间有 2～3 行点纹。细胞环面呈屈膝状。

生态习性 在海洋中营附着生活，在浮游植物样品中也可观察到。

分　　布 在国外曾记录于加里曼丹岛、爪哇岛，在我国各海域广泛分布。

爪哇曲壳藻 *Achnanthes javanica* Grunow，1880

派格棍形藻
Bacillaria paxillifera（**Müller**）**Marsson**，**1901**

分类地位　硅藻门 Bacillariophyta 羽纹纲 Pennatae 双菱藻目 Surirellales 菱形藻科 Nitzschiaceae 棍形藻属 *Bacillaria*

形态特征　细胞短棍状，以壳面连成可以滑动的细胞链。壳面细长。色素体小颗粒状，多数。

生态习性　在海水和半咸水中营浮游生活。

分　　布　世界广布种，在我国各海域皆有分布。

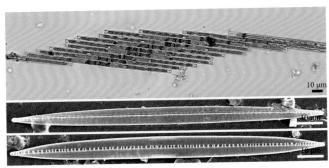

派格棍形藻 *Bacillaria paxillifera*（Müller）Marsson，1901

新月细柱藻
Cylindrotheca closterium（**Ehrenberg**）**Reimann & Lewin**，**1964**

分类地位　硅藻门 Bacillariophyta 羽纹纲 Pennatae 双菱藻目 Surirellales 菱形藻科 Nitzschiaceae 细柱藻属 *Cylindrotheca*

形态特征　细胞较小，单独生活。壳面长，中部膨大成菱形；两端细长，常朝同一方向弯曲，使壳面呈弓形。色素体片状，2 个。

生态习性　在海洋中营底栖生活，但在浮游植物样品中也可观察到。

分　　布　世界广布种，在我国各海域皆有分布。

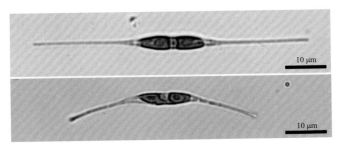

新月细柱藻 *Cylindrotheca closterium*（Ehrenberg）Reimann & Lewin，1964

拟菱形藻
Pseudo-nitzschia sp.

分类地位　硅藻门 Bacillariophyta 羽纹纲 Pennatae 双菱藻目 Surirellales 菱形藻科 Nitzschiaceae 拟菱形藻属 *Pseudo-nitzschia*

形态特征　细胞狭长，呈 S 形，两端尖，细胞以壳面连成细胞链，相连部分为细胞长度的 1/9 ～ 1/6。

生态习性　在海洋中营浮游生活。

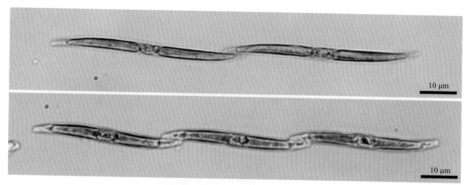

拟菱形藻 *Pseudo-nitzschia* sp.

北方菱形藻
Nitzschia borealis（Grunow）Thum

分类地位　硅藻门 Bacillariophyta 羽纹纲 Pennatae 双菱藻目 Surirellales 菱形藻科 Nitzschiaceae 菱形藻属 *Nitzschia*

形态特征　壳面披针形，中部轻微缢缩，两端延伸成喙状。壳缝居中，无中节。点条纹较粗。

生态习性　海水中生活。

分　　布　曾记录于北冰洋。

北方菱形藻 *Nitzschia borealis*（Grunow）Thum

簇生菱形藻
Nitzschia fasciculata（Grunow）**Grunow，1881**

分类地位　硅藻门 Bacillariophyta 羽纹纲 Pennatae 双菱藻目 Surirellales 菱形藻科 Nitzschiaceae 菱形藻属 *Nitzschia*

形态特征　壳面针形，两端尖。船骨点粗并略延长，点条纹细。

生态习性　在海水和半咸水中营底栖生活，在浮游植物样品中也可观察到。

分　　布　在国外曾记录于比利时和英国，在我国福建厦门和金门曾有记录。

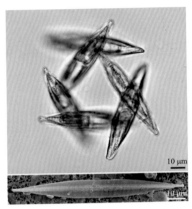

簇生菱形藻 *Nitzschia fasciculata*（Grunow）Grunow，1881

长菱形藻
Nitzschia longissima（Brébisson）**Ralfs，1861**

分类地位　硅藻门 Bacillariophyta 羽纹纲 Pennatae 双菱藻目 Surirellales 菱形藻科 Nitzschiaceae 菱形藻属 *Nitzschia*

形态特征　壳面线披针形，直或弯曲；两端很长，喙状。管壳缝强烈偏离中心。在光学显微镜下，本种与新月细柱藻相似，但本种细胞大，两端尖细部分较直。

生态习性　在海洋中营浮游或附着生活。

分　　布　在国外曾记录于日本、科威特、印度尼西亚、欧洲、坦桑尼亚、澳大利亚、北美洲等地沿海，在我国黄海、东海和南海均有分布。

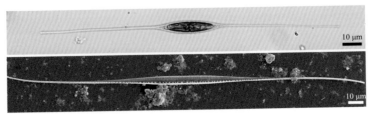

长菱形藻 *Nitzschia longissima*（Brébisson）Ralfs，1861

洛伦菱形藻
Nitzschia lorenziana Grunow，1880

　　分类地位　硅藻门 Bacillariophyta 羽纹纲 Pennatae 双菱藻目 Surirellales 菱形藻科 Nitzschiaceae 菱形藻属 *Nitzschia*

　　形态特征　壳面线披针形，弯曲成 S 形，中部至两端渐细，末端钝圆。管壳缝偏于壳缘，点条纹平行排列。

　　生态习性　在海洋中营底栖生活，在浮游植物样品中也可观察到。

　　分　　布　世界广布种，在我国黄海、东海和南海均有分布。

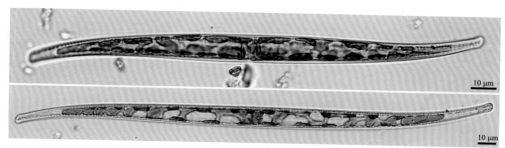

洛伦菱形藻 *Nitzschia lorenziana* Grunow，1880

弯状菱形藻
Nitzschia sigmaformis Hustedt，1955

　　分类地位　硅藻门 Bacillariophyta 羽纹纲 Pennatae 双菱藻目 Surirellales 菱形藻科 Nitzschiaceae 菱形藻属 *Nitzschia*

　　形态特征　细胞较长且细，单独生活，环面呈 S 形。壳面中部至两端逐渐变细并向相反方向弯曲延伸。管壳缝偏于壳缘，点条纹平行排列。

　　生态习性　在海洋中营底栖生活，偶尔在浮游植物样品中也可观察到。

　　分　　布　在国外曾记录于大西洋和印度洋。

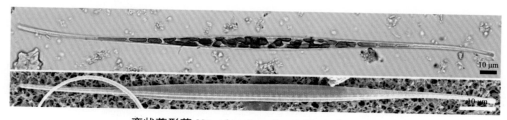

弯状菱形藻 *Nitzschia sigmaformis* Hustedt，1955

琴氏沙网藻
Psammodictyon panduriforme（Gregory）**Mann**，**1990**

分类地位 硅藻门 Bacillariophyta 羽纹纲 Pennatae 双菱藻目 Surirellales 菱形藻科 Nitzschiaceae 沙网藻属 *Psammodictyon*

形态特征 细胞单独生活。壳面宽椭圆形，中部缢缩，端部楔形。管壳缝偏于壳缘。壳面上分布有 1 条明显的纵槽。

生态习性 在海洋中营底栖生活，偶尔在浮游植物样品中也可观察到。

分 布 世界广布种，在我国渤海、东海和南海均有分布。

琴氏沙网藻 *Psammodictyon panduriforme*（Gregory）Mann，1990

盔甲双菱藻
Surirella armoricana **Peragallo & Peragallo**，**1899**

分类地位 硅藻门 Bacillariophyta 羽纹纲 Pennatae 双菱藻目 Surirellales 双菱藻科 Surirellaceae 双菱藻属 *Surirella*

形态特征 壳面椭圆形，一端比另一端宽。杯状肋纹在边缘很宽，在近中轴区变窄。中轴区呈棒形，中部略缢缩。

生态习性 在海洋中营底栖生活，在浮游植物样品中也可观察到。

分 布 首次记录于法国莫尔比昂，在我国福建、大亚湾、海南、北部湾以及台湾澎湖列岛和兰屿等地曾有记录。

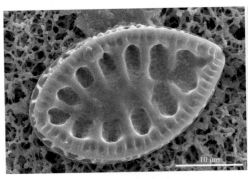

盔甲双菱藻 *Surirella armoricana* Peragallo & Peragallo，1899

芽形双菱藻

Surirella gemma（Ehrenberg）Kützing，1844

分类地位 硅藻门 Bacillariophyta 羽纹纲 Pennatae 双菱藻目 Surirellales 双菱藻科 Surirellaceae 双菱藻属 *Surirella*

形态特征 壳面椭圆形，形似一张宽叶片，一端较尖，另一端较钝。钝端中央可见 2 个三角形翼突。肋纹狭长，左右肋纹不对称，肋纹间距也不一致。肋纹由中线略向四周射出，肋纹间有极细的点条纹。

生态习性 在海水和半咸水中营底栖生活，在浮游植物样品中也可观察到。

分 布 在国外曾记录于爪哇岛、黑海、亚速海、白令海、大西洋沿岸水域，在我国各海域皆有分布。

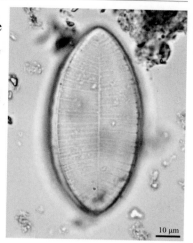

芽形双菱藻 *Surirella gemma*
（Ehrenberg）Kützing，1844

卵形褶盘藻

Tryblioptychus cocconeiformis（Cleve）Hendey，1958

分类地位 硅藻门 Bacillariophyta 羽纹纲 Pennatae 双菱藻目 Surirellales 双菱藻科 Surirellaceae 褶盘藻属 *Tryblioptychus*

形态特征 细胞单独生活，壳面宽椭圆形至近圆形。缘带有长方形孔纹。壳面左右花纹均分成小块，每侧有 5 ～ 12 块，略呈波状起伏。每块有 3 ～ 4 行粗孔纹。

生态习性 在海洋中营底栖生活，在浮游植物样品中也可观察到。

分 布 在国外曾记录于菲律宾、爪哇岛和西非，在我国黄海、东海和南海均有分布。

卵形褶盘藻 *Tryblioptychus cocconeiformis*（Cleve）Hendey，1958

甲藻纲

具尾鳍藻
Dinophysis caudata Kent，1881

分类地位 甲藻门 Dinophyta 甲藻纲 Dinophyceae 鳍藻目 Dinophysiales 鳍藻科 Dinophysiaceae 鳍藻属 *Dinophysis*

形态特征 藻体大，侧面观扁平。壳板厚，表面分布着细密的鱼鳞状纹。上壳低矮，略凸或凹；下壳长，

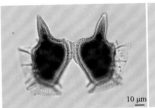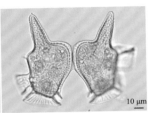

具尾鳍藻 *Dinophysis caudata* Kent，1881

后部延伸成长而圆的突起。上边翅向上伸展成漏斗状，具辐射状肋；下边翅窄，向上延伸，无肋。

生态习性 在海洋中营浮游生活。

分　布 世界广布种，在我国黄海到南海均有分布。

叉状角藻
Ceratium furca（Ehrenberg）Claparède & Lachmann，1859

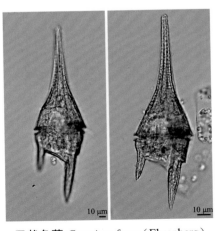

叉状角藻 *Ceratium furca*（Ehrenberg）Claparède & Lachmann，1859

分类地位 甲藻门 Dinophyta 甲藻纲 Dinophyceae 膝沟藻目 Gonyaulacales 角藻科 Ceratiaceae 角藻属 *Ceratium*

形态特征 细胞中型，瘦长。上体部两侧平或微向内凹，略呈等腰三角形，向前端延伸、逐渐变细，形成开孔的顶角。下体部短，两侧平直或略弯，2个后角呈叉状向体后直伸出，左、右后角近乎平行，左后角比右后角长且稍粗壮。

生态习性 在海洋中营浮游生活。

分　布 世界广布种，在我国各海域均有分布。

梭角藻

Ceratium fusus（Ehrenberg）Dujardin，1841

分类地位 甲藻门 Dinophyta 甲藻纲 Dinophyceae
膝沟藻目 Gonyaulacales 角藻科 Ceratiaceae 角藻属
Ceratium

形态特征 藻体细胞较大,腹面观、背面观呈锚
形。两底角向上斜伸,右角比左角略细弱。壳面脊状
条纹及孔粗大、明显。

生态习性 在海洋中营浮游生活。

分　　布 世界广布种,我国各海域皆有分布。

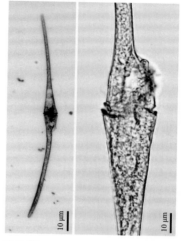

梭角藻 *Ceratium fusus*（Ehrenberg）
Dujardin，1841

三角角藻

Ceratium tripos（Müller）Nitzsch，1817

分类地位 甲藻门 Dinophyta 甲藻纲 Dinophyceae 膝沟藻目 Gonyaulacales 角藻科
Ceratiaceae 角藻属 *Ceratium*

形态特征 藻体细胞较大。上体部相当短,长度常常只有直径的一半。下体部与
前体部等长或略长,左侧边一般凹入。3 个角均很粗,顶角基部较后角宽,一般右角比
左角显著细弱。

生态习性 在海洋中营浮游生活。

分　　布 该种分布很广,在太平洋、大西洋、印度洋均有分布。在我国广泛分布,
数量很多。

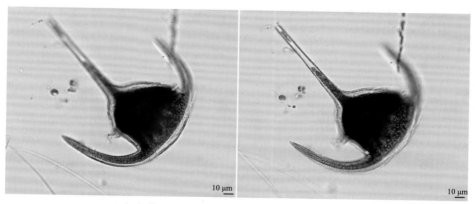

三角角藻 *Ceratium tripos*（Müller）Nitzsch，1817

塔玛亚历山大藻
Alexandrium tamarense（Lebour）Balech，1995

分类地位 甲藻门 Dinophyta 甲藻纲 Dinophyceae 膝沟藻目 Gonyaulacales 膝沟藻科 Gonyaulacaceae 亚历山大藻属 *Alexandrium*

形态特征 细胞小型至中型,椭球形至近球形。上壳两肩突起。下壳两侧不对称,略有凹陷,右半边比左半边短。横沟中位,凹陷,左旋。纵沟深,后部宽,后板右侧近边缘处具后连接孔。

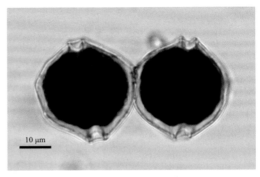

塔玛亚历山大藻 *Alexandrium tamarense*
（Lebour）Balech，1995

生态习性 在海洋中营浮游生活。

分　布 近岸广布种,在我国青岛海域、福建海域、大鹏湾、香港东南部海域、台湾南部海域都曾有记录。

亚历山大藻
Alexandrium sp.

分类地位 甲藻门 Dinophyta 甲藻纲 Dinophyceae 膝沟藻目 Gonyaulacales 膝沟藻科 Gonyaulacaceae 亚历山大藻属 *Alexandrium*

形态特征 细胞小型至中型,上壳与下壳大小相近。藻体表面光滑,上、下两端无刺突。横沟中位,凹陷。

生态习性 在海洋中营浮游生活。

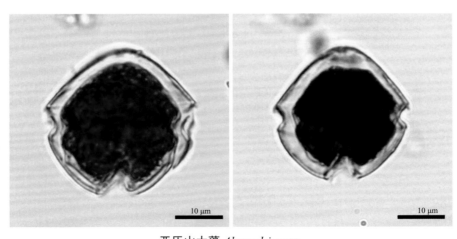

亚历山大藻 *Alexandrium* sp.

多边舌甲藻

Lingulodinium polyedra（Stein）Dodge，1989

分类地位　甲藻门 Dinophyta 甲藻纲 Dinophyceae 膝沟藻目 Gonyaulacales 膝沟藻科 Gonyaulacaceae 舌甲藻属 *Lingulodinium*

形态特征　细胞小型至中型。上壳顶端平或微弯曲。下壳两侧边直，底部平坦，无底刺。横沟环状，位于中央。纵沟直，前窄后宽。本种可发光。

生态习性　在海洋中营浮游生活。

分　　布　暖温带至热带浅水种，分布广。在我国黄海、东海和南海曾有记录。

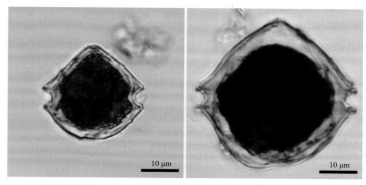

多边舌甲藻 *Lingulodinium polyedra*（Stein）Dodge，1989

网状原角藻

Protoceratium reticulatum（Claparède & Lachmann）Bütschli，1885

分类地位　甲藻门 Dinophyta 甲藻纲 Dinophyceae 膝沟藻目 Gonyaulacales 膝沟藻科 Gonyaulacaceae 原角藻属 *Protoceratium*

形态特征　细胞腹面观为五边形，长略微大于宽。甲板方程式：Po，3′，1a，6″，6c，6s，5‴，2⁗。甲板表面网纹状。鞭毛 2 根，横沟鞭毛位于细胞中间偏上位置，纵沟鞭毛从细胞中心位置伸出。

生态习性　在海水中生活。

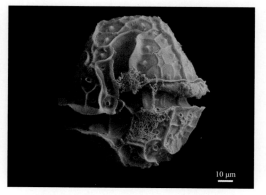

网状原角藻 *Protoceratium reticulatum*
（Claparède & Lachmann）Bütschli，1885

分　　布　在国外曾记录于日本、南非、卡特加特海峡、西班牙、意大利、智利、法国、格陵兰岛、德国、挪威、新西兰、加拿大、墨西哥，在我国大连、东海、广西涠洲岛曾有记录。

卵形蛎甲藻
Ostreopsis ovata Fukuyo，1981

分类地位 甲藻门 Dinophyta 甲藻纲 Dinophyceae 膝沟藻目 Gonyaulacales 蛎甲藻科 Ostreopsidaceae 蛎甲藻属 *Ostreopsis*

形态特征 细胞呈宽椭圆形或者透镜状，背腹略扁。叶绿体呈放射状排列。细胞核较小，呈椭圆形，位于细胞后部。甲板方程式：Po, 3′, 7″, 6c, 6s, 5‴, 2⁗。鞭毛 2 根，一根环绕细胞，另一根自细胞前部伸出。

生态习性 在海水中生活。

卵形蛎甲藻 *Ostreopsis ovata* Fukuyo，1981

分　　布 在国外曾记录于日本、韩国、泰国、越南、印度尼西亚、马来西亚、地中海、葡萄牙、西班牙、意大利、希腊、突尼斯、伯利兹、澳大利亚、新西兰、巴西，在我国香港、海南、广西曾有记录。

加勒比冈比亚藻
Gambierdiscus caribaeus Vandersea，Litaker，M.A.Faust，Kibler，W.C.Holland & P.A.Tester，2009

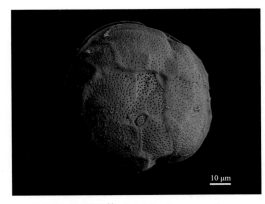

加勒比冈比亚藻 *Gambierdiscus caribaeus* Vandersea, Litaker, M.A.Faust, Kibler, W.C.Holland & P.A.Tester, 2009

分类地位 甲藻门 Dinophyta 甲藻纲 Dinophyceae 膝沟藻目 Gonyaulacales 蛎甲藻科 Ostreopsidaceae 冈比亚甲藻属 *Gambierdiscus*

形态特征 细胞顶面观呈圆形至微椭圆形，背腹面扁平，侧视呈透镜状。叶绿体金黄色，颗粒状。细胞表面光滑，有许多圆形至椭圆形的孔。甲板方程式：Po, 4′, 6″, 6c, 6s, 5‴, 2⁗。鞭毛 2 根，一根环绕细胞，另一根自细胞前部伸出。

生态习性 在海水中生活。

分　　布 在国外曾记录于帕劳群岛、伯利兹、大开曼岛、马塔伊瓦环礁，在我国广西、海南曾有记录。

马来库里亚藻
Coolia malayensis Leaw，P.-T. Lim & Usup，2001

分类地位 甲藻门 Dinophyta 甲藻纲 Dinophyceae 膝沟藻目 Gonyaulacales 蛎甲藻科 Ostreopsidaceae（属）*Coolia*

形态特征 细胞呈球形，表面光滑并布满了圆形至椭圆形的气孔。甲板方程式：Po，4′，6″，6c，6s，5‴，2⁗。鞭毛 2 根，一根环绕细胞，另一根自细胞前部伸出。

生态习性 在海水中生活。

分　　布 在国外曾记录于韩国、泰国、马来西亚、新西兰、多米尼加、伯利兹、库克群岛、美国佛罗里达州，在我国广西涠洲岛曾有记录。

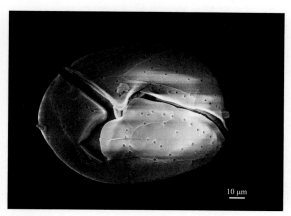

马来库里亚藻 *Coolia malayensis* Leaw，P.-T. Lim & Usup，2001

红色赤潮藻
Akashiwo sanguinea（Hirasaka）Gert Hansen & Moestrup，2000

分类地位 甲藻门 Dinophyta 甲藻纲 Dinophyceae 裸甲藻目 Gymnodiniales 裸甲藻科 Gymnodiniaceae 赤潮藻属 *Akashiwo*

形态特征 细胞单独生活。腹面观变化较大，上锥部顶端平滑，像头盔；下锥部因纵沟影响呈 W 形。下锥体一般比上锥部略长。细胞中央部位最宽，横沟较窄，纵沟未侵入上锥部。

生态习性 在海洋中营浮游生活。

分　　布 世界广布种，在我国广东和香港曾有记录。

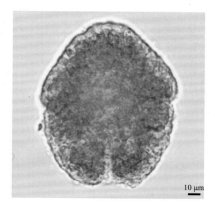

红色赤潮藻 *Akashiwo sanguinea*（Hirasaka）Gert Hansen & Moestrup，2000

夜光藻
Noctiluca scintillans（Macartney）**Kofoid & Swezy，1921**

分类地位　甲藻门 Dinophyta 甲藻纲 Dinophyceae 夜光藻目 Noctilucales 夜光藻科 Noctilucaceae 夜光藻属 *Noctiluca*

形态特征　细胞较大，近球形，肉眼可见。细胞壁透明。口位于细胞前端，上面有 1 条长触手。细胞背面有一杆状器，可使细胞前后游动。胞内原生质为淡红色或绿色。

生态习性　在海洋中营浮游生活。

分　　布　本种是世界性的赤潮生物，在我国各海域皆有分布。

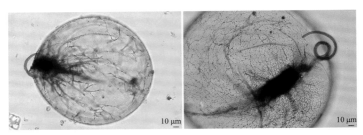

夜光藻 *Noctiluca scintillans*（Macartney）Kofoid & Swezy，1921

歧散原多甲藻
Protoperidinium divergens（Ehrenberg）**Balech，1974**

分类地位　甲藻门 Dinophyta 甲藻纲 Dinophyceae 多甲藻目 Peridiniaceae 原多甲藻科 Protoperidiniaceae 原多甲藻属 *Protoperidinium*

形态特征　细胞大小中等，为底部相接的双锥形；前端突出成角；末端分叉，形成底角。横沟为一不完全的圆环，在腹面中央断开，较上下壳凹陷。边翅无色透明，或有肋刺。第一顶板偏角型，具 2 个空的后角，上下壳表面均凹陷。

生态习性　在海水中生活。

分　　布　温带至热带沿岸种，在我国各海域皆有分布。

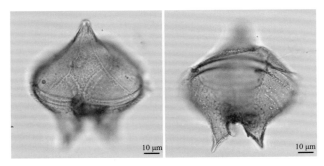

歧散原多甲藻 *Protoperidinium divergens*（Ehrenberg）Balech，1974

斯氏原多甲藻

Protoperidinium steinii（Jørgensen）Balech，1974

分类地位　甲藻门 Dinophyta 甲藻纲 Dinophyceae 多甲藻目 Peridiniaceae 原多甲藻科 Protoperidiniaceae 原多甲藻属 *Protoperidinium*

形态特征　细胞小型至中型，近球形。上壳有一个向上延伸的长顶孔，底刺具有发达的翼。下壳为半球形。

生态习性　在海水中生活。

分　　布　世界广布种，在我国主要分布在东海、南海

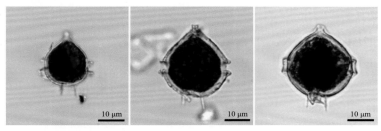

斯氏原多甲藻 *Protoperidinium steinii*（Jørgensen）Balech，1974

具齿原甲藻

Prorocentrum dentatum Stein，1883

分类地位　甲藻门 Dinophyta 甲藻纲 Dinophyceae 原甲藻目 Protocentrales 原甲藻科 Protocentraceae 原甲藻属 *Protocentrum*

形态特征　细胞小型至中型，壳面倒披针形；后部渐狭，呈锥状；前端平截，无顶刺。色素体板状，2 个。

生态习性　在海洋中营浮游生活。

分　　布　世界广布种，在我国主要分布在广东大亚湾、大鹏湾以及香港。

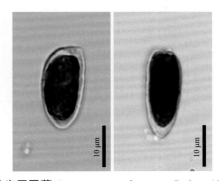

具齿原甲藻 *Prorocentrum dentatum* Stein，1883

利马原甲藻
Prorocentrum lima（Ehrenberg）Stein，1878

分类地位　甲藻门 Dinophyta 甲藻纲 Dinophyceae 原甲藻目 Protocentrales 原甲藻科 Protocentraceae 原甲藻属 *Protocentrum*

形态特征　细胞小型至中型，壳面倒卵圆形，中后部最宽。细胞左、右壳面在鞭毛孔附近的形态不同：左壳面前端平坦或稍凹；右壳面前端明显下凹，呈 V 形。

生态习性　多附着于海底沙砾或大型海藻上，偶尔营浮游生活。

分　　布　世界广布种，在我国东海、南海均有分布。

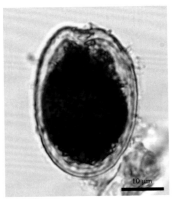

利马原甲藻 *Prorocentrum lima*
（Ehrenberg）Stein，1878

海洋原甲藻
Prorocentrum micans Ehrenberg，1834

分类地位　甲藻门 Dinophyta 甲藻纲 Dinophyceae 原甲藻目 Protocentrales 原甲藻科 Protocentraceae 原甲藻属 *Protocentrum*

形态特征　细胞中等大小。形状多变：壳面最常见为瓜子形，还有的呈椭圆形、卵圆形、圆形或倒梨形；腹面观较平。壳面前端圆钝，后端稍尖，中部最宽。顶刺 2 个：一个大而明显，三角形，翼发达；另一个则短小。

生态习性　在海洋中营浮游生活。

分　　布　世界广布种，在我国各海域皆有分布。

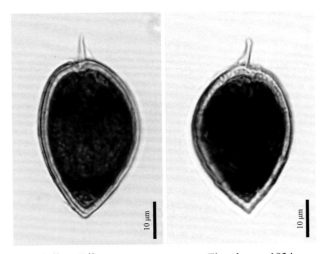

海洋原甲藻 *Prorocentrum micans* Ehrenberg，1834

东海原甲藻
Prorocentrum shikokuense Hada，1975

分类地位 甲藻门 Dinophyta 甲藻纲 Dinophyceae 原甲藻目 Protocentrales 原甲藻科 Protocentraceae 原甲藻属 *Protocentrum*

形态特征 细胞呈不对称梨形，长 15～22 μm，宽 9～14 μm。细胞顶部稍微凹陷，一侧有时稍有突起。大多数细胞底部呈圆卵形，但也有个别细胞末端尖。右壳鞭毛区呈 V 形，2 根鞭毛位于细胞顶部。

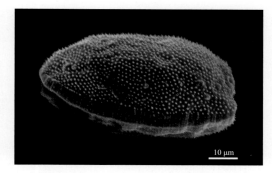

东海原甲藻 *Prorocentrum shikokuense* Hada，1975

生态习性 在海水中生活。

分　布 在国外曾记录于日本、韩国等地。在我国沿海广泛分布，在长江口与浙江沿海水域常常形成大规模赤潮。

福氏原甲藻
Prorocentrum fukuyoi Shauna Murray & Y.Nagahama，2007

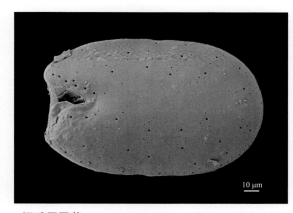

福氏原甲藻 *Prorocentrum fukuyoi* Shauna Murray & Y.Nagahama，2007

分类地位 甲藻门 Dinophyta 甲藻纲 Dinophyceae 原甲藻目 Protocentrales 原甲藻科 Protocentraceae 原甲藻属 *Protocentrum*

形态特征 细胞腹面观呈椭圆形至长圆形，稍不对称，背腹扁平；长 26.2～37.9 μm，宽 18.0～26.5 μm，长宽比为 1.23～1.57。细胞核球形，位于细胞的后端。细胞中心有 1 个环状淀粉核，其周围有许多辐射状叶绿体。右壳鞭毛区呈 V 形，2 根鞭毛位于细胞顶部。

生态习性 在海水中生活。

分　布 在国外曾记录于日本、法国、德国、澳大利亚、阿拉伯湾，在我国分布于海南、广西近海。

心形原甲藻
Prorocentrum cordatum（Ostenfeld）**J. D. Dodge**，**1976**

分类地位 甲藻门 Dinophyta 甲藻纲 Dinophyceae 原甲藻目 Protocentrales 原甲藻科 Protocentraceae 原甲藻属 *Protocentrum*

形态特征 细胞后端圆弧形，前端截形，背腹扁平；长 16.6 ～ 19.7 μm，宽 13.6 ～ 15.6 μm，长宽比为 1.17 ～ 1.33。细胞核心形，位于细胞的后端。细胞中心有 1 个环状淀粉核。叶绿体网状，包裹于细胞表面。右壳鞭毛区呈 V 形，2 根鞭毛位于细胞顶部。

生态习性 在海水中生活。

分　布 在国外曾记录于日本、韩国、阿拉伯湾、黑海、美国、澳大利亚，在我国沿海广泛分布。

心形原甲藻 *Prorocentrum cordatum*（Ostenfeld）J. D. Dodge，1976

墨西哥原甲藻
Prorocentrum mexicanum **Osorio-Tafall**，**1942**

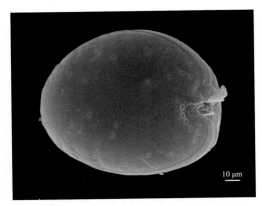

墨西哥原甲藻 *Prorocentrum mexicanum* Osorio-Tafall，1942

分类地位 甲藻门 Dinophyta 甲藻纲 Dinophyceae 原甲藻目 Protocentrales 原甲藻科 Protocentraceae 原甲藻属 *Protocentrum*

形态特征 细胞腹面观呈椭圆形至长椭圆形，不对称，背腹扁平；长 31.0 ～ 33.5 μm，宽 23.6 ～ 26.9 μm，长宽比为 1.21 ～ 1.34。细胞核长椭球形，位于细胞的后端。细胞中心有 1 个环状淀粉核，其周围有许多辐射状叶绿体。右壳鞭毛区呈 V 形，2 根鞭毛位于细胞顶部。壳面具许多放射状排列的刺丝胞孔。

生态习性 在海水中生活。

分　布 在国外曾记录于韩国、澳大利亚、留尼汪岛、美国，在我国分布于福建、海南、广西近海。

锥状斯克里普藻

Scrippsiella trochoidea（Stein）**Loeblich III**，**1976**

分类地位 甲藻门 Dinophyta 甲藻纲 Dinophyceae 胸球藻目 Thoracosphaerales 胸球藻科 Thoracosphaeraceae 斯克里普藻属 *Scrippsiella*

形态特征 藻体细胞小型，呈梨形，长 18～33 μm，宽 16～24 μm。上壳近锥形，两侧边稍凸，顶角粗短，末端平截。

生态习性 在海水中生活。

分　　布 世界广布种，在我国大鹏湾曾有记录。

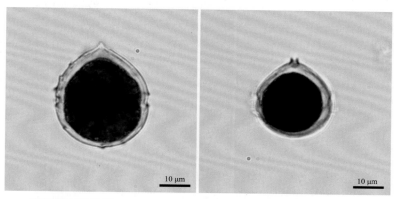

锥状斯克里普藻 *Scrippsiella trochoidea*（Stein）Loeblich III，1976

斐济前沟藻

Amphidinium fijiense **Karafas & C. R. Tomas**，**2017**

分类地位 甲藻门 Dinophyta 甲藻纲 Dinophyceae（目）Amphidiniales（科）Amphidiniaceae 双甲藻属 *Amphidinium*

形态特征 细胞腹面观圆形或者椭圆形，背腹略扁平。细胞核球形，位于细胞后端。叶绿体网状，遍布整个细胞。鞭毛 2 根：横沟鞭毛位于细胞前端，纵沟鞭毛位于细胞中间 1/3 处。

生态习性 在海水中生活。

分　　布 该种模式产地为斐济，在印度洋西部也有记录，在我国海南鹿回头和广西涠洲岛曾有记录。

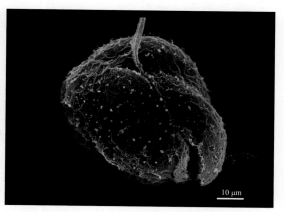

斐济前沟藻 *Amphidinium fijiense* Karafas & C. R. Tomas，2017

马萨迪前沟藻
Amphidinium massartii Biecheler，1952

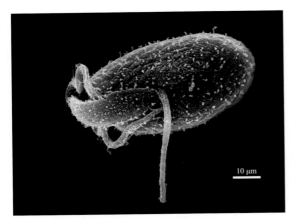

马萨迪前沟藻 *Amphidinium massartii* Biecheler，1952

分类地位　甲藻门 Dinophyta 甲藻纲 Dinophyceae（目）Amphidiniales（科）Amphidiniaceae 双甲藻属 *Amphidinium*

形态特征　细胞腹面观呈椭圆形，背腹扁平。细胞核球形,位于细胞后端。叶绿体网状遍布整个细胞。鞭毛2根:横沟鞭毛位于细胞前端,纵沟鞭毛位于细胞中间 1/3 处。

生态习性　在海水中生活。

分　　布　在国外曾记录于美国罗得岛州和北卡罗来纳州、日本冲绳县,在我国海南南沙群岛和广西涠洲岛曾有记录。

欧泊库前沟藻
Amphidinium operculatum Claparède & Lachmann，1859

分类地位　甲藻门 Dinophyta 甲藻纲 Dinophyceae（目）Amphidiniales（科）Amphidiniaceae 双甲藻属 *Amphidinium*

形态特征　细胞腹面观呈椭圆形,下锥体右侧凸起,而左侧几乎是直的。细胞核圆弧形,位于细胞后端。叶绿体网状,遍布整个细胞。鞭毛2根:横沟鞭毛位于细胞前端,纵沟鞭毛位于细胞后 1/3 处。

生态习性　在海水中生活。

分　　布　在国外曾记录于澳大利亚悉尼和新西兰,在我国广东、海南和广西曾有记录。

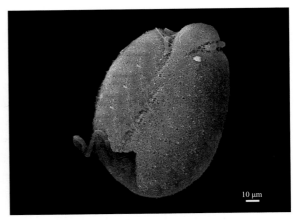

欧泊库前沟藻 *Amphidinium operculatum* Claparède & Lachmann，1859

强壮前沟藻
Amphidinium carterae Hulburt，1957

分类地位　甲藻门 Dinophyta 甲藻纲 Dinophyceae（目）Amphidiniales（科）Amphidiniaceae 双甲藻属 *Amphidinium*

形态特征　细胞腹面观为椭圆形，背腹略微扁平。细胞核球形，位于细胞后端。叶绿体网状，遍布整个细胞。鞭毛 2 根：横沟鞭毛位于细胞前端，纵沟鞭毛位于细胞后 1/3 处。

生态习性　在海水中生活。

分　　布　在热带海域广泛分布，包括以色列、意大利、澳大利亚塔斯马

强壮前沟藻 *Amphidinium carterae* Hulburt，1957

尼亚岛、斐济、加拿大、美国佛罗里达州、墨西哥、多米尼加、加勒比海、巴西、波多黎各、巴哈马群岛等，在我国广东、海南西沙群岛和广西曾有记录。

斯坦因前沟藻
Amphidinium steinii（Lemmermann）Kofoid & Swezy，1921

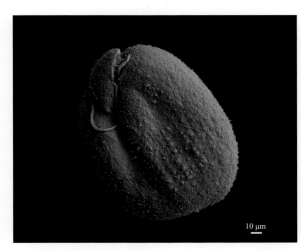

斯坦因前沟藻 *Amphidinium steinii*（Lemmermann）
Kofoid & Swezy，1921

分类地位　甲藻门 Dinophyta 甲藻纲 Dinophyceae（目）Amphidiniales（科）Amphidiniaceae 双甲藻属 *Amphidinium*

形态特征　细胞腹面观为椭圆形，背腹略微扁平。上锥体非常小，呈三角形，向左偏转。细胞核球形至椭球形，位于细胞后端。叶绿体网状，遍布整个细胞。鞭毛 2 根：横沟鞭毛位于细胞前端，纵沟鞭毛位于细胞前 1/3 处。

生态习性　在海水中生活。

分　　布　在国外曾记录于澳大利亚悉尼和巴西，在我国福建厦门、广西北海和涠洲岛曾有记录。

特尔麦前沟藻

Amphidinium thermaeum Dolapsakis & Economou-Amilli，2009

分类地位 甲藻门 Dinophyta 甲藻纲 Dinophyceae（目）Amphidiniales（科）Amphidiniaceae 双甲藻属 *Amphidinium*

形态特征 细胞腹面观呈圆形、椭圆形至长圆形，背面略扁平。细胞核球形，位于细胞后端。叶绿体网状，遍布整个细胞。鞭毛 2 根：横沟鞭毛位于细胞前端，纵沟鞭毛位于细胞中间 1/3 处。分裂细胞外面包裹 1 层透明膜。

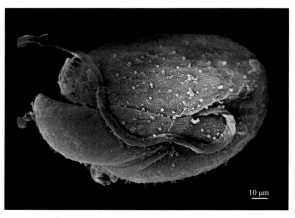

特尔麦前沟藻 *Amphidinium thermaeum* Dolapsakis & Economou-Amilli, 2009

生态习性 在海水中生活。

分　布 在国外曾记录于希腊、澳大利亚、美国佛罗里达州，在我国海南和广西曾有记录。

腹孔环胺藻

Azadinium poporum Tillmann & Elbrächter，2011

腹孔环胺藻 *Azadinium poporum* Tillmann & Elbrächter, 2011

分类地位 甲藻门 Dinophyta 甲藻纲 Dinophyceae（目）Dinophyceae incertae sedis（科）Amphidomataceae 环胺藻属 *Azadinium*

形态特征 细胞上壳圆锥状，下壳半球形，有 1 个明显的腹孔。细胞核球形或椭球形，位于细胞中央。叶绿体位于细胞外周。甲板方程式：Po，X，4′，6″，6c，5s，5‴，2⁗。鞭毛 2 根：一根环绕细胞，另一根自细胞中部伸出。

生态习性 在海水中生活。

分　布 在国外曾记录于韩国、智利、丹麦、希腊、法国、新西兰、美国、墨西哥湾、阿根廷，在我国渤海、东海和南海广布。

削瘦伏尔甘藻
Vulcanodinium rugosum Nézan & Chomérat，2011

分类地位　甲藻门 Dinophyta 甲藻纲 Dinophyceae（目）Peridiniales（科）Peridiniida incertae sedis（属）*Vulcanodinium*

形态特征　细胞上壳圆锥状，下壳半球形。细胞表面沿经向有许多脊状突起。甲板方程式：Po，X，4′，3a，7″，6c，5s，5‴，2⁗。鞭毛 2 根：一根环绕细胞，另一根自细胞中部伸出。

生态习性　在海水中生活。

分　　布　在国外曾记录于日本、法国、澳大利亚、新西兰，在我国广西曾有记录。

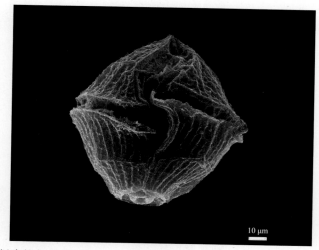

削瘦伏尔甘藻 *Vulcanodinium rugosum* Nézan & Chomérat，2011

绿枝藻纲

具边翅果藻
Pterosperma marginatum **Gaarder**，**1954**（新记录种）

分类地位　绿藻门 Chlorophyta 绿枝藻纲 Prasinophyceae 翅果藻目 Pterospermatales 翅果藻科 Pterospermaceae 翅果藻属 *Pterosperma*

形态特征　细胞为球形，具有形成多边形隔室的翼状结构，该翼状结构呈波状起伏，有时起伏不明显。波状起伏不明显的每个隔室在居中位置分布着 1 个大的孔纹，但在波状起伏明显的标本中，该孔纹缺失。

生态习性　在海水中生活，亦有化石记录。

分　　布　曾记录于葡萄牙、挪威海、北冰洋、加拿大圣洛朗湾。

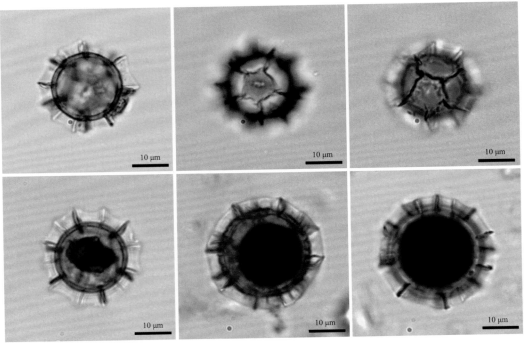

具边翅果藻 *Pterosperma marginatum* Gaarder，1954

具尾逗隐藻

Komma caudata（Geitler）Hill，1991

分类地位 隐藻门 Cryptophyta 隐藻纲 Cryptophyceae 隐鞭藻目 Cryptomonadales 隐鞭藻科 Cryptomonadaceae 逗隐藻属 *Komma*

形态特征 细胞为蓝绿色，形似逗号，体积很小，有 1 个向腹侧弯曲的急尖尾端。鞭毛 2 根，几乎等长，其长度略大于细胞长度的 1/2。

生态习性 淡水种。

分　　布 广泛分布于各种静止的、小的淡水水体中。

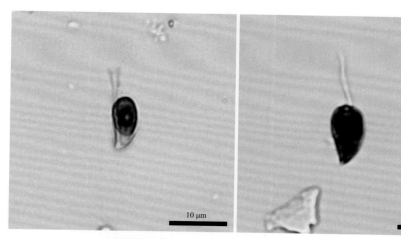

具尾逗隐藻 *Komma caudata*（Geitler）Hill，1991

硅鞭藻纲

小等刺硅鞭藻
Dictyocha fibula Ehrenberg，1839

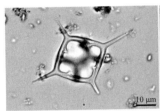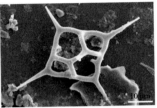

小等刺硅鞭藻 *Dictyocha fibula* Ehrenberg，1839

分类地位　色藻门 Ochrophyta 硅鞭藻纲 Dictyochophyceae 硅鞭藻目 Dictyochales 硅鞭藻科 Dictyochaceae 等刺硅鞭藻属 *Dictyocha*

形态特征　细胞具坚硬的硅质骨骼，骨骼分为基环、基支柱和中心柱。基环为正方形或菱形，每个角有一放射棘。基环每边近中央处有基支柱伸出，并与中心柱连接，形成 4 个基窗。

生态习性　在海洋中营浮游生活。

分　　布　世界广布种，在我国各海域皆有分布。

六异刺硅鞭藻
Distephanus speculum（Ehrenberg）Haeckel，1887

分类地位　色藻门 Ochrophyta 硅鞭藻纲 Dictyochophyceae 硅鞭藻目 Dictyochales 硅鞭藻科 Dictyochaceae 异刺硅鞭藻属 *Distephanus*

形态特征　细胞具坚硬的硅质骨骼，骨骼分为基环、基肋和顶环。基环呈五角形至八角形，每个角有一放射棘。从基环每边的中部竖起一基肋，其顶端相互连接成环。

生态习性　在海洋中营浮游生活。

分　　布　世界广布种，在我国东海和南海广泛分布。

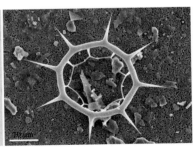

六异刺硅鞭藻 *Distephanus speculum*（Ehrenberg）Haeckel，1887

三裂醉藻
Ebria tripartita（**Schumann**）**Lemmermann，1899**

　　分类地位　（门）Cercozoa 醉藻纲 Ebriophyceae 醉藻目 Ebriales 醉藻科 Ebriaceae 醉藻属 *Ebria*

　　形态特征　细胞单独生活，近球形，具 2 条鞭毛。细胞内有硅质骨骼，外面被 1 层原生质覆盖。

　　生态习性　在海水中生活。

　　分　　布　在国外曾记录于俄罗斯、日本、罗马尼亚和北冰洋，在我国山东烟台、长江口和南海曾有记录。

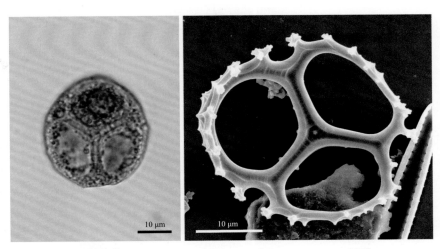

三裂醉藻 *Ebria tripartita*（Schumann）Lemmermann，1899

浮游动物

中华哲水蚤
Calanus sinicus **Brodsky**，1962

中华哲水蚤 *Calanus sinicus* Brodsky, 1962

分类地位　节肢动物门 Arthropoda 桡足纲 Copepoda 哲水蚤目 Calanoida 哲水蚤科 Calanidae 哲水蚤属 *Calanus*

形态特征　雌：头胸部呈长筒形，额部前端突出。胸部后侧角短而钝圆。腹部分 4 节；生殖节长宽相等；其余各节的宽均大于长。第一触角向后伸展时与身体等长或末 1 ～ 2 节超过尾叉。第二触角的内肢较外肢稍长。大颚咀嚼缘的第一腹齿通常具 4 个峰的齿冠；第二腹齿退化，仅为小乳状突。第五胸足的内缘齿 14 ～ 29 个。

雄：头节背面中央末端具一指向后方的小突起。腹部分 5 节；生殖孔位于第一腹节腹面的左后侧；第二腹节略宽大；肛节较前一节长。第一触角的基部略膨大，最末 2、3 节上缘的羽状毛较雌性短。第五胸足基节的内缘齿 11 ～ 27 个；左、右足不对称。

地理分布　南海、东海、黄海、渤海。

普通波水蚤
Undinula vulgaris（**Dana**，1849）

分类地位　节肢动物门 Arthropoda 桡足纲 Copepoda 哲水蚤目 Calanoida 哲水蚤科 Calanidae 波水蚤属 *Undinula*

形态特征　雌：头胸部呈长筒形。额部前端钝圆。头部与第一胸节愈合。第四、第五胸节分

普通波水蚤 *Undinula vulgaris*（Dana, 1849）

开。胸部后侧角具刺状突。腹部生殖节宽大于长，肛节最短。尾叉长略大于宽，其内侧第二尾刚毛最长。第一触角向后伸展时达尾叉的末端。第二触角内肢较外肢长。第一至第五胸足的内、外肢各分 3 节。第二胸足外肢第二节外缘基部具一深刻痕。第五胸足第一基节内缘无细齿。

雄：胸部后侧角短钝，不呈刺状。腹部第二节最宽，其余各节宽皆大于长，肛节最短第一触角基部稍为膨大。第五胸足极不对称：左足发达，内肢完全退化；右足短小，内、外肢各分 3 节。

地理分布　南海、东海。

厚指平头水蚤
Candacia pachydactyla（Dana，1849）

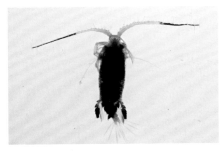

厚指平头水蚤 *Candacia pachydactyla*
（Dana，1849）

分类地位　节肢动物门 Arthropoda 桡足纲 Copepoda 哲水蚤目 Calanoida 平头水蚤科 Candaciidae 平头水蚤属 *Candacia*

形态特征　雌：头胸部宽大，背面观呈长椭圆形。头背部及各胸节间皆为深褐色。胸部后侧角具刺突，对称。腹部生殖节腹面两侧中部各具一长刺突，左右刺突不等长。第一触角向后伸展时达末胸节后端。第一胸足内肢分 2 节。第五胸足单肢、对称。

雄：头胸部较狭长。胸部后侧角不对称，右刺长大。腹部生殖节右缘具一拇指状突起。右第一触角成执握肢。第五胸足不对称：左足第二节外末缘具 2 根刺，第三节的外末缘具 1 根刺和细毛，末节外缘具 3 根刺和细毛；右足末 2 节呈钳状，第三节外缘具 4 根刺且近后端的内、外缘皆具毛。

地理分布　南海、东海。

截拟平头水蚤
Candacia truncata（Dana，1849）

分类地位　节肢动物门 Arthropoda 桡足纲 Copepoda 哲水蚤目 Calanoida 平头水蚤科 Candaciidae 平头水蚤属 *Candacia*

形态特征　雌：头胸部长筒形。胸部后侧角钝圆，外缘近腹面具 1 根刺，背末缘具多数刺。第二腹节长大于宽，肛节通常与尾叉愈合。第一触角向后伸展时达第二腹节。第一颚足第二节内缘第二刺毛较其前一刺毛粗大。第一胸足内肢 2 节。第三胸足外肢末节锯齿状末刺直。第五胸足对称。

截拟平头水蚤 *Candacia truncata*（Dana，1849）

雄：头胸部较狭小。胸部后侧角具小刺突，左右对称。腹部第一节对称，第二节近方形。尾叉短小。右第一触角成执握肢。第五胸足左足第二节长大，第三节具一外末刺，末节末端具 3 根较长的小刺且腹面内缘具细毛；右足末 2 节不呈钳状，第二节短且具一外缘刺，末节外末部具 3 根外缘刺。

地理分布　南海、东海。

哲胸刺水蚤
Centropages calaninus（Dana，1849）

哲胸刺水蚤 *Centropages calaninus*（Dana，1849）

分类地位 节肢动物门 Arthropoda 桡足纲 Copepoda 哲水蚤目 Calanoida 胸刺水蚤科 Centropagidae 胸刺水蚤属 *Centropages*

形态特征 雌：额部前端钝圆，具一小突起。头部与第一胸节愈合。胸部后侧角钝圆、对称。第一、第二腹节末缘具一圈小齿，肛节较前宽。尾叉不对称，右叉较宽。肛节和尾叉均具多数色素点。第一触角向后伸展时末 2 节超过尾叉。第五胸足对称，外肢第一节内缘具一小结节。

雄：头胸部较雌性狭小。腹部分 4 节，第一节不很对称，第三节背面近末缘具 1 排小齿。右第一触角成执握肢。第五胸足不对称：左足第二节宽大，外缘具 2 根长刺，末端截平，具有小锯齿；右足末节与前节形成螯状。

地理分布 南海、东海、黄海。

狭额次真哲水蚤
Subeucalanus subtenuis（Giesbrecht，1888）

分类地位 节肢动物门 Arthropoda 桡足纲 Copepoda 哲水蚤目 Calanoida 真哲水蚤科 Eucalanidae 次真哲水蚤属 *Subeucalanus*

形态特征 雌：头胸部后半部较前半部略宽。额部前端呈三角形突起，顶端稍钝。胸部后侧角钝圆。腹部分 2 节，生殖节近球形；第二节很短。左尾叉稍长。第一触角向后伸展时末 5 节超过尾叉。大颚第二基节内缘基部具 3 根刺毛；内肢分 2 节。小颚第二基节外缘具细毛，近外末缘具 4 根刺毛；内肢单节。第三胸足外肢第二节外末角具深凹。

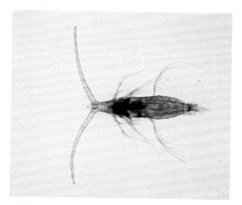

狭额次真哲水蚤 *Subeucalanus subtenuis*（Giesbrecht，1888）

雄：头胸部较雌性狭短。额部前端呈钝三角形。腹部第一节左侧稍突出。第一触角较粗大。第五胸足左足分 4 节，第一节较宽，第二节细长，末 2 节较短。

地理分布 南海、东海。

精致真刺水蚤
Euchaeta concinna Dana，1849

精致真刺水蚤 *Euchaeta concinna* Dana，1849

分类地位 节肢动物门 Arthropoda 桡足纲 Copepoda 哲水蚤目 Calanoida 真哲水蚤科 Eucalanidae 真刺水蚤属 *Euchaeta*

形态特征 雌：额部前端略呈三角形。头部与第一胸节愈合，胸部后侧角呈瘤状突起，左侧突较右侧的稍大。腹部各节均具细毛。生殖节右缘中部具一拇指状突起，第二腹节较其后一节长，肛节最短。第一触角向后伸展时不超过生殖节的后端。第二胸足外肢第二节外末刺的内缘基部具深刻痕。第三胸足外肢第二节的外缘刺比第四胸足同节刺长。

雄：头胸部较狭小。额部前端较尖。胸部后侧角的突起较小。生殖节不对称，左缘中部及右缘后部均较突出。第五胸足左足外肢第二节的片状突起的内、外缘皆具粗锯齿，右足外肢第一节腹内缘具小刺1列。

地理分布 南海、东海、南黄海。

后截唇角水蚤
Labidocera detruncata（Dana，1849）

分类地位 节肢动物门 Arthropoda 桡足纲 Copepoda 哲水蚤目 Calanoida 角水蚤科 Pontellidae 唇角水蚤属 *Labidocera*

形态特征 头雌：头胸部呈长筒形。额部前端钝圆。胸部后侧角具小刺，内缘具钝突。腹部分3节：生殖节宽大，背面显著隆起，右缘突出；第二、第三节很短。尾叉宽大于长。第一触角向后伸展时达胸部的后端。第五胸足双肢、对称：外肢长，具3根外缘刺及1根内缘刺；内肢短小，呈锥状。

后截唇角水蚤 *Labidocera detruncata*
（Dana，1849）

雄：头胸部较雌性狭小。胸部后侧角具小刺。腹部第一、第二节较大，第四节和肛节短小。尾叉宽而短。第五胸足不对称：左足短小，末节短，内缘至末端皆具细毛，外末部具4个刺突；右足特别发达，第三节外缘基部具一腹面内缘有1根刺的指状突，末节外缘中部具2根刺且与其前一节形成螯状。

地理分布 南海、东海。

尖刺唇角水蚤
Labidocera acuta（**Dana，1849**）

分类地位　节肢动物门 Arthropoda 桡足纲 Copepoda 哲水蚤目 Calanoida 角水蚤科 Pontellidae 唇角水蚤属 Labidocera

形态特征　雌：头胸部呈长筒形。额部前端中央具一尖刺。胸部后侧角具长刺,左右对称。腹部分 3 节:生殖节长大,右末缘近腹面具一粗刺,生殖孔左下缘具 1 小刺;肛节短小。尾叉右叉较左叉稍长。第一触角向后伸展时达腹部生殖节。第五胸足双肢、对称:外肢外缘具 3 根刺,内缘光滑且末端具 3 根刺;内肢短,呈指状,末端尖锐,外末缘具 1 根刺。

尖刺唇角水蚤 *Labidocera acuta*
（Dana，1849）

雄：背眼特别发达。胸部后侧角尖锐且不对称。腹部第一、第二节均不对称;生殖节右外末部具 2 根刺;第二节右末部亦具一小刺。尾叉长大,右叉稍长于左叉。第五胸足不对称:左足第三节内缘中部具 1 根刺;右足第三节内缘具弧状突起,末节与其前一节形成螯状。

地理分布　南海、东海、黄海。

羽小角水蚤
Pontellina plumata（**Dana，1849**）

分类地位　节肢动物门 Arthropoda 桡足纲 Copepoda 哲水蚤目 Calanoida 角水蚤科 Pontellidae 小角水蚤属 *Pontellina*

形态特征　雌：头胸部背面观呈卵圆形。额部前端较狭。背眼呈芝麻形。胸部后侧角具细刺突,右刺较左刺略长。腹部分 2 节,肛节短小。第一触角向后伸展时达尾叉基部。第五胸足外肢细长,外缘中部具 1 根细长刺,内缘具少数细齿且末端具 3 个内、外缘皆具细齿的刺突;内肢短小,末端分叉。

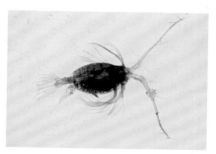

羽小角水蚤 *Pontellina plumata*（Dana，1849）

雄：背眼较雌性的发达。胸部后侧角的刺突短且对称。腹部各节宽大于长。生殖节左末缘较突出。右第一触角成执握肢。第五胸足:左足第三节的外末刺细长;末节锥形,外末部具一小刺,内缘近基部背面具一突起,上缘具细毛,末端具 3 根刺。右足第三节外缘基部具一突起,内缘后部具 2 个乳状突;末节内缘基部具一球形突起,外缘基部及末部各具 1 根刺。

地理分布　南海、东海。

鼻锚哲水蚤
Rhincalanus nasutus Giesbrecht，1888

鼻锚哲水蚤 *Rhincalanus nasutus* Giesbrecht，1888

分类地位 节肢动物门 Arthropoda 桡足纲 Copepoda 哲水蚤目 Calanoida 锚哲水蚤科 Rhincalanidae 锚哲水蚤属 *Rhincalanus*

形态特征 雌：额部前端具锥状突起。生殖节膨大。尾叉近对称。第一触角向后伸展时末部超过尾叉。第一胸足第二基节内缘具突起和细毛。第五胸足单肢、对称，分 3 节，第二节内末缘具 1 根刺毛，第三节末端具 3 根刺毛。

雄：腹部第一节左末缘具小突起。左尾叉较长。第五胸足不对称：左足双肢，第二基节较右足的大；外肢单节，外缘中部具一小刺，末端具一钩状突起。

地理分布 南海、东海。

角锚哲水蚤
Rhincalanus cornutus cornutus（Dana，1849）

分类地位 节肢动物门 Arthropoda 桡足纲 Copepoda 哲水蚤目 Calanoida 锚哲水蚤科 Rhincalanidae 锚哲水蚤属 *Rhincalanus*

形态特征 雌：额部前端突出似锚。胸部后侧角钝圆。生殖节略膨大。肛节较其前一节为大。左尾叉稍长。第一触角向后伸展时末部超过尾叉。第一胸足的第二基节内缘具带细毛的突起。第五胸足单肢且对称，分 3 节：第一节较第二节长，末节外末角具一刺突而内末部具一长刺毛。

角锚哲水蚤 *Rhincalanus cornutus cornutus*（Dana，1849）

雄：第五胸足不对称：左足 1～2 基节较右足的长；外肢单节且内缘具小刺毛，内肢分 2 节且背面遍生小刺；右足单肢，末节短且末刺较本节长。

地理分布 南海、东海。

异尾宽水蚤
Temora discaudata Giesbrecht，1889

分类地位　节肢动物门 Arthropoda 桡足纲 Copepoda 哲水蚤目 Calanoida 宽水蚤科 Temoridae 宽水蚤属 *Temora*

形态特征　雌：头胸部前半部较后半部宽。头部与第一胸节不完全愈合，第四、五胸节愈合。胸部后侧角尖锐，具长刺。生殖节呈方形。肛节的右侧较左侧的长大。尾叉右叉末端较左叉长。

雄：胸部后侧左刺较右刺长大。腹部各节宽大于长。肛节较其前一节短。尾叉近对称。

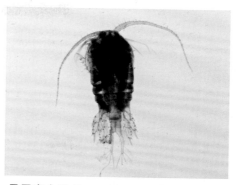

异尾宽水蚤 *Temora discaudata* Giesbrecht，1889

第一右触角成执握肢。第五胸足不对称：左足成钳状，第二节内缘基部具内缘有细锯齿的大突起；第四节外缘近背面具 2 根刺，内缘具 3 个齿，内缘近腹面具 1 丛细毛，内末部具 2 根刺。右足第三节为长刺突且内缘具 3 根刺。

地理分布　南海、东海。

美丽大眼水蚤
Corycaeus speciosus Dana，1849

美丽大眼水蚤 *Corycaeus speciosus* Dana，1849

分类地位　节肢动物门 Arthropoda 桡足纲 Copepoda 鞘口水蚤目 Cyclopoida 大眼水蚤科 Corycaeidae 大眼水蚤属 *Corycaeus*

形态特征　雌：前体部呈长筒形。头部与第一胸节分开或部分愈合。第三胸节较其前 1 节为宽，它与第四胸节愈合，其后侧角向后伸展至肛节的后末缘。第四胸节后侧角的内侧背面稍隆起，长仅达生殖节基部的 1/5 处。尾叉左、右撇开。第四对胸足内肢仅 1 小节及 1 刺毛。

雄：前体部较雌性的狭小，略呈长方形。头部与第一胸节愈合。第二胸节后侧角略较雌性突出。第三胸节的后侧角向后伸达生殖节中部。生殖节呈卵圆形。肛节长约为宽的 2 倍。尾叉左右叉不撇开。

地理分布　南海、东海。

奇桨剑水蚤
Copilia mirabilis Dana，1852-1853

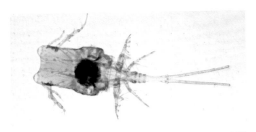

奇桨剑水蚤 *Copilia mirabilis* Dana，1852-1853

分类地位　节肢动物门 Arthropoda 桡足纲 Copepoda 鞘口水蚤目 Cyclopoida 叶水蚤科 Sapphirinidae 桨水蚤属 *Copilia*

形态特征　雌：前体部背面观呈长方形。头前端角眼发达，眼间距大。头节与第一胸节愈合。第二至第四胸节渐狭。后体部第二节长于第三节；肛节末端较中部宽，左右侧各具小齿突。尾叉呈棍棒形，长于后体部。第一触角分6节。第二触角分4节：第一节上缘具多数小刺，第二节具一分叉的刺突，第三节具3根刺，末节呈爪状。第四胸足内肢单节，外肢各节外缘均具细刺。

雄：体呈宽卵形。头前端宽而圆，眼不存在。第二触角细长。第二颚足第二节腹面末缘明显突出，具2刺毛。第四胸足的结构与雌性的相同。

地理分布　南海、东海。

金叶水蚤
Sapphirina metallina Dana，1849

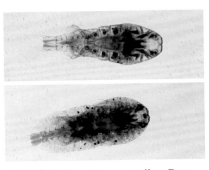

金叶水蚤 *Sapphirina metallina* Dana，1849

分类地位　节肢动物门 Arthropoda 桡足纲 Copepoda 鞘口水蚤目 Cyclopoida 叶水蚤科 Sapphirinidae 叶水蚤属 *Sapphirina*

形态特征　雌：角眼的眼间距很短。从第二胸节开始，后侧角向后延伸为翼状突。后体部分6节，较前体部显著狭小，第三至第五节后侧角向后延伸为翼状突。尾叉长约为宽的2.5倍，末端截平、稍宽大，具2根叶状刺。

雄：身体较雌性稍宽大，头节宽度约为长度的1.2倍。前体部两侧边缘有一系列黄绿色小斑块。后侧角的翼状突不如雌性明显、突出。尾叉长约为宽的2倍。

以下特征雌雄相同：第一触角分6节。第二触角分4节：第一节后末角的乳状突具2长刺毛，第二节内缘基部具一长刺。第二胸足外肢仅达内肢末节中部，末节末端具一长刺，各节外缘都有短叶状刺；内肢末节末端具2根叶状刺和3个刺突，外缘末端另有一叶状刺和一刺突。第四胸足内肢比外肢稍短，末节末端具2根叶状刺。

地理分布　南海、东海。

简角水蚤
Pontellopsis sp.

分类地位 节肢动物门 Arthropoda 桡足纲 Copepoda 哲水蚤目 Calanoida 简角水蚤科 Pontellidae 简角水蚤属 *Pontellopsis*

形态特征 头胸部宽大，无侧钩。第四、五胸节愈合，后侧角尖锐或钝圆。雌性腹部 1 ~ 2 节，生殖节常具突起；雄性腹部分 5 节，两侧不对称。

地理分布 广泛分布。

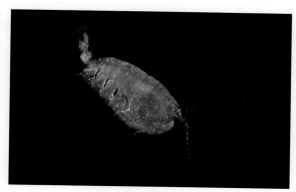

简角水蚤 *Pontellopsis* sp.

叶水蚤
Sapphirina sp.

分类地位 节肢动物门 Arthropoda 桡足纲 Copepoda 剑水蚤目 Cyclopoida 叶水蚤科 Sapphirinidae 叶水蚤属 *Sapphirina*

形态特征 体透明。背腹扁平，叶状。晶体发达。雌性的前体部比后体部宽大；雄性的前体部和后体部宽度几乎无差异。尾叉扁平，叶状。第四胸足内肢短于外肢。

地理分布 广泛分布，南海、东海常见。

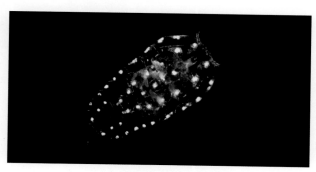

叶水蚤 *Sapphirina* sp.

介形纲

齿形海萤
Cypridina dentata（Müller，1906）

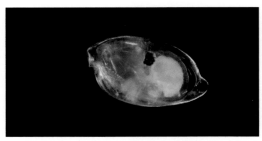

齿形海萤 *Cypridina dentata*（Müller，1906）

分类地位　节肢动物门 Arthropoda 介形纲 Ostracoda 壮肢目 Myodocopida 海萤科 Cypridinidae 海萤属 *Cypridina*

形态特征　壳长 1.72 ～ 2.12 mm，壳高约为壳长的 58%。额角前端呈尖角状。触角凹以下具 16 根左右的刺毛。壳前缘内侧具 1 列锯齿。双壳后突的隆线皆具短刺。尾叉具 9 对爪，第二爪与尾叉板愈合。各爪的长度由前往后依次变小。

地理分布　南海、东海。

同心假浮萤
Pseudoconchoecia concentrica（Müller，G. W.，1906）

分类地位　节肢动物门 Arthropoda 介形纲 Ostracoda（目）Halocyprida 海腺萤科 Halocyprididae 假浮萤属 *Pseudoconchoecia*

形态特征　壳长 1.43 ～ 1.50 mm，壳高约为壳长的 52%。双壳面布满纵纹。右壳后背角圆钝，左壳后背角具一短刺。肩拱较发达。壳腹缘呈平缓的弧形，后缘几乎与背缘垂直。右壳非对称，腺开口于壳后腹角，背侧具 2 个侧角腺。

同心假浮萤 *Pseudoconchoecia concentrica*
（Müller, G. W.，1906）

地理分布　南海、东海。

三晶长螯磷虾

Stylocheiron suhmii **G.O. Sars**，**1883**

分类地位　节肢动物门 Arthropoda 软甲纲 Malacostraca 磷虾目 Euphausiacea 磷虾科 Euphausiidae 长螯磷虾属 *Stylocheiron*

形态特征　眼高等于宽的 2 倍，分上下两部分：下眼宽，上眼具 3 个横排的晶体。前板延长。雌性额角细长而尖，向前伸展达眼前缘。背甲胃区隆起。腹部第六节高为长的 1/2。第一触角柄部细长。

地理分布　南海。

三晶长螯磷虾 *Stylocheiron suhmii* G.O. Sars，1883

二晶长螯磷虾

Stylocheiron microphthalma **Hansen**，**1910**

分类地位　节肢动物门 Arthropoda 软甲纲 Malacostraca 磷虾目 Euphausiacea 磷虾科 Euphausiidae 长螯磷虾属 *Stylocheiron*

形态特征　眼小，伸长，上部很窄，仅有 2 个横排的晶体。前板三角形。雄性额角短而尖，向前伸展不超过眼中部；雌性额角细长、尖锐，向前伸展超过眼前缘。背甲胃区隆起，下缘无侧齿。

地理分布　南海。

二晶长螯磷虾 *Stylocheiron microphthalma* Hansen，1910

中型莹虾
Belzebub intermedius（Hansen，1919）

分类地位　节肢动物门 Arthropoda 软甲纲 Malacostraca 十足目 Decapoda 莹虾科 Luciferidae（属）*Belzebub*

形态特征　眼较小，长度不超过第一触角柄部第一节。交接器的几丁质叶具波浪式细横纹，在它的前缘有 2 片透明的半圆形突起。雄性尾足外肢末端几乎截平，而雌性的突出。

地理分布　南海、东海。

中型莹虾 *Belzebub intermedius*（Hansen，1919）

肥胖软箭虫
Flaccisagitta enflata（Grassi，1881）

分类地位　毛颚动物门 Chaetognatha 箭虫纲 Sagittoidea 无横肌目 Aphragmophora 箭虫科 Sagittidae 软箭虫属 *Flaccisagitta*

形态特征　成体体长可超过 30 mm。体肥胖，透明，呈梭形。头宽短。腹神经节小，与前鳍的距离为体长的 10%～20%。前鳍短，半圆形，基部无鳍条。后鳍近三角形，略比前鳍宽、长。

地理分布　南海、东海。

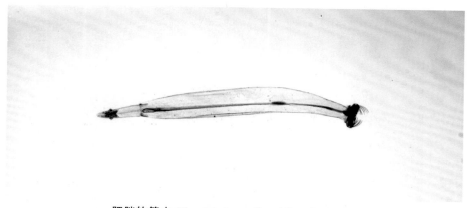

肥胖软箭虫 *Flaccisagitta enflata*（Grassi，1881）

海樽纲

小齿海樽
Doliolum denticulatum Quoy & Gaimard，1834

分类地位　脊索动物门 Chordata 海樽纲 Thaliacea（目）Doliolida 海樽科 Doliolidae 海樽属 *Doliolum*

形态特征　囊壁薄而硬。消化管弯曲，呈膝状。鳃裂多，约 100 个。精巢呈管状，延伸到或超过第三肌带。内柱从第二肌带延伸至第四肌带。

地理分布　本种广泛分布于暖流区，在我国分布于南海、东海。

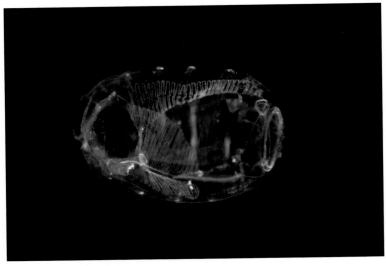

小齿海樽 *Doliolum denticulatum* Quoy & Gaimard，1834

蝴蝶螺

Desmopterus papilio Chun，1889

分类地位　软体动物门 Mollusca 腹足纲 Gastropoda 翼足目 Pteropoda 蝴蝶螺科 Desmopteridae 蝴蝶螺属 *Desmopterus*

形态特征　无壳，体呈圆柱形，前部略呈钝圆锥形。足完全退化。鳍盘发达属，略呈椭圆形，两侧缘呈弧形。

地理分布　南海、东海。

蝴蝶螺 *Desmopterus papilio* Chun，1889

四齿厚唇螺

Telodiacria quadridentata（Blainville，1821）

分类地位　软体动物门 Mollusca 腹足纲 Gastropoda 翼足目 Pteropoda 龟螺科 Cavoliniidae（属）*Telodiacria*

形态特征　壳膨大，略呈球形。壳口很狭，背缘增厚，向腹方弯折，表面有数条环形褶纹。背壳具 5 条纵肋，肋间有纵沟。

地理分布　南海、东海。

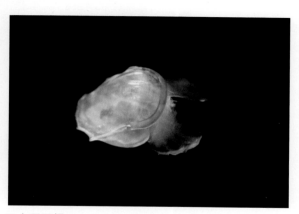

四齿厚唇螺 *Telodiacria quadridentata*（Blainville，1821）

锥棒螺
Styliola subula（**Quoy & Gaimard，1827**）

分类地位　软体动物门 Mollusca 腹足纲 Gastropoda 翼足目 Pteropoda（科）Creseidae（属）*Styliola*

形态特征　壳横截面圆形，背面具纵沟，纵沟自壳口背缘中点向后延伸，导向左方。壳无色透明，表面具一些平行环纹，环纹间密布纵纹。

地理分布　南海、东海。

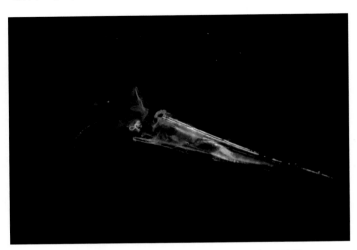

锥棒螺 *Styliola subula*（Quoy & Gaimard，1827）

长吻龟螺
Diacavolinia longirostris（**Lesueur，1821**）

分类地位　软体动物门 Mollusca 腹足纲 Gastropoda 翼足目 Pteropoda 龟螺科 Cavoliniinae（属）*Diacavolinia*

形态特征　壳背面观近似三角形，背壳前缘伸长为长吻状。背纵肋 5 条，中央肋发达。侧突起近三角形，位于壳最宽处。大个体多为白色，小个体多为淡褐色、淡红紫色或淡青蓝色，中央肋基部常有褐斑。

地理分布　南海、东海。

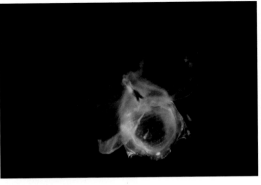

长吻龟螺 *Diacavolinia longirostris*（Lesueur，1821）

海蜗牛

Janthina janthina（Linnaeus，1758）

分类地位　软体动物门 Mollusca 腹足纲 Gastropoda（目）Caenogastropoda 梯螺科 Epitoniidae 海蜗牛属 *Janthina*

形态特征　壳呈右旋蜗牛状，表面上部苍白色，下部紫色，具斜行细密的生长线。壳口近方形。

分　　布　我国台湾和广东以南沿海。环球分布的暖水种。保护区内该物种分布在潮间带沙滩，营漂浮生活。

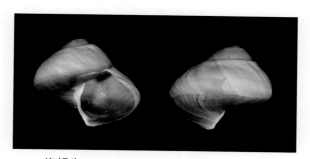

海蜗牛 *Janthina janthina*（Linnaeus，1758）

长海蜗牛

Janthina globosa Swainson，1822

分类地位　软体动物门 Mollusca 腹足纲 Gastropoda（目）Caenogastropoda 梯螺科 Epitoniidae 海蜗牛属 *Janthina*

形态特征　壳略呈球形，表面紫色，具细的纵纹。壳口半圆形。

分　　布　我国东海、南海。保护区内该物种分布在潮间带沙滩，营漂浮生活。

长海蜗牛 *Janthina globosa* Swainson，1822

翼管螺
Pterotrachea coronata Forsskål，1775

分类地位　软体动物门 Mollusca 腹足纲 Gastropoda 中腹足目 Littorinimorpha 翼管螺科 Pterotracheidae 翼管螺属 *Pterotrachea*

形态特征　为大型异足类，体长可达 26 cm。体透明，细长，呈管状，无壳。眼睛较小，呈圆筒形。内脏团较细长。

地理分布　南海。

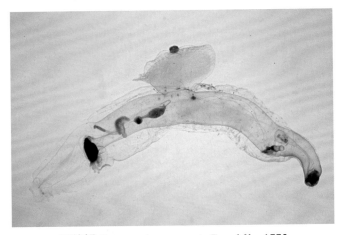

翼管螺 *Pterotrachea coronata* Forsskål，1775

细小多管水母
Aequorea parva **Browne，1905**

分类地位　刺胞动物门 Cnidaria 水螅虫纲 Hydrozoa（目）Leptothecata 多管水母科 Aequoreidae 多管水母属 *Aequorea*

形态特征　个体较小，肉眼可见 4 条触手。

地理分布　南海、东海。

细小多管水母 *Aequorea parva* Browne，1905

两手筐水母
Solmundella bitentaculata（**Quoy & Gaimard，1833**）

分类地位　刺胞动物门 Cnidaria 水螅虫纲 Hydrozoa（目）Narcomedusae（科）Solmundaeginidae 筐水母属 *Solmundella*

形态特征　伞大于半球，顶部胶质厚。胃宽，呈透镜状，8 个胃囊排列成直角形。2 条触手位置相对，从伞的近顶部伸出。内包感觉棒通常有 8～16 个，有时超过 32 个。

地理分布　广泛分布。

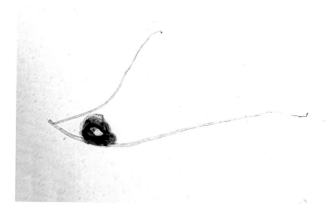

两手筐水母 *Solmundella bitentaculata*（Quoy & Gaimard，1833）

半口壮丽水母
Aglaura hemistoma Péron & Lesueur，1810

分类地位　刺胞动物门 Cnidaria 水螅虫纲 Hydrozoa（目）Trachymedusae 棍手水母科 Rhopalonematidae 壮丽水母属 Aglaura

形态特征　伞顶扁平，伞侧直，胶质薄。有 4 个膜状口唇和细的胃柄。8 条腊肠状生殖腺分布在口柄上。伞缘有 48 ～ 50 条触手。有 8 个游离感觉棒，每个感觉棒中各有 1 个平衡石。

地理分布　南海、东海。

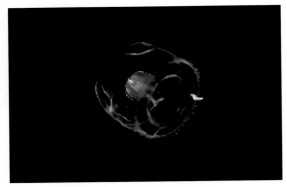

半口壮丽水母 *Aglaura hemistoma* Péron & Lesueur，1810

陈嘉庚水母
Acromitus tankahkeei Light，1924

陈嘉庚水母 *Acromitus tankahkeei*
Light，1924

分类地位　刺胞动物门 Cnidaria 钵水母纲 Scyphozoa 根口水母目 Rhizostomeae 端棍水母科 Catostylidae 端棍水母属 *Acromitus*

主要特征　伞部略呈半球形，外伞表面光滑，在外伞表面、生殖下穴底部及下穴之间部位分布着红褐色的斑点。每 1/8 伞缘有 4 对长舌状缘瓣和 1 对狭小缘瓣。8 个感觉器。平衡囊上有 1 丛色素。口腕 8 条，3 翼型，长度为伞径的 2/3。

分　　布　福建南部、广东东北部沿海。

黄斑海蜇
Rhopilema hispidum（Vanhöffen，1888）

分类地位　刺胞动物门 Cnidaria 钵水母纲 Scyphozoa 根口水母目 Rhizostomeae 根口水母科 Rhizostomatidae 海蜇属 *Rhopilema*

主要特征　伞部为半球形，中央较肥厚、结实，伞缘较薄。外伞表面具有许多短小而尖硬的疣突，并有黄褐色小斑点。每 1/8 伞缘有 8 个长椭圆形的缘瓣。口腕上着生的棒状附属物比较短小，在末端附属物呈球形或棰状。生殖乳突很大，为卵形，表面有尖刺的

黄斑海蜇 *Rhopilema hispidum*（Vanhöffen，1888）

突起。8 个感觉器的内窝处有放射肋，平衡棍末端具有褐色素。16 条辐管都延伸至伞缘。各辐管侧分支彼此相连，构成复杂的网状管。口腕 8 个，3 翼型，具有许多末端膨大的槌状附属物。肩板 8 对，其上有许多丝状附属物。生殖下穴 4 个。

分　　布　日本、菲律宾、马来半岛、红海、孟加拉湾、印度洋。在我国主要分布于南海。

叶腕水母
Lobonema sp.

分类地位　刺胞动物门 Cnidaria 钵水母纲 Scyphozoa 根口水母目 Rhizostomeae 叶腕水母科 Lobonematidae 叶腕水母属 *Lobonema*

形态特征　内环网状管与主辐管、间辐管以及环管相连接。缘瓣延长成触手状。

分　　布　北部湾。

叶腕水母 *Lobonema* sp.

中华金黄水母（中华海刺水母）
Chrysaora chinensis Vanhöffen，1888

分类地位　刺胞动物门 Cnidaria 钵水母纲 Scyphozoa 旗口水母目 Semaeostomea 游水母科 Pelagiidae 金黄水母属 *Chrysaora*

形态特征　外伞半球形。成体水母伞表面有细小的颗粒疣状突起。有些标本伞面透明但表面均匀分布有淡红色的斑点。中胶层较硬，中央位置较厚，边缘薄。8 个感觉器位于主辐和间辐位。每 1/8 伞缘有 6 个缘瓣和 3 条从缘瓣裂口长出的触手。8 个感觉器位于主辐和间辐位，每 1/8 伞缘有 3 条触手从缘瓣裂口长出。触手的长度可达伞体直径的 4 倍。中央胃腔发达，从胃向伞缘远端延伸出 16 条辐射状排列的胃盲管，胃盲管从中心约 1/3 处开始变宽，。生殖腺 4 个，每个位于伞下的生殖器下开孔内。位于相邻生殖腺有隔膜分隔；与内伞和垂管相连。有胃丝。

中华金黄水母 *Chrysaora chinensis* Vanhöffen，1888

白色霞水母

Cyanea nozakii Kishinouye，1891

分类地位 刺胞动物门 Cnidaria 钵水母纲 Scyphozoa 旗口水母目 Semaeostomea 霞水母科 Cyaneidae 霞水母属 *Cyanea*

主要特征 伞部扁平呈圆盘状。外伞表面平滑。伞顶近中央密布刺胞丛隆起。伞缘有 16 个缘瓣。8 个感觉器位于 8 个浅凹缘瓣之间。感觉器为棱形，其远端具有 1 个豆形的平衡囊。没有眼点。内伞纵辐位有 8 束 U 形的触手。每束触手的数目很多，分几排排列。放射肌 16 束，在主辐部和纵辐部形成十几条并行的隆起，环肌隆起显著形成 16 部分。口呈"十"字形。口腕非常发达，长度超过伞部半径，两侧构成复杂的皱褶。

白色霞水母 *Cyanea nozakii Kishinouye*，1891

分　　布 分布于太平洋西北部海域，在我国四大海域均有分布。

有触手纲

蛾水母
Bolinopsis vitrea（L. Agassiz，1860）

分类地位　栉板动物门 Ctenophora 有触手纲 Tentaculata 兜水母目 Lobata 蛾水母科 Bolinopsidae 蛾水母属 *Bolinopsis*

形态特征　体呈锥形,表面可见 4 条栉毛带。

地理分布　南海、东海。

蛾水母 *Bolinopsis vitrea*（L. Agassiz，1860）

球型侧腕水母
Pleurobrachia globosa Moser，1903

分类地位　栉板动物门 Ctenophora 有触手纲 Tentaculata 球栉水母目 Cydippida 侧腕水母科 Pleurobrachiidae 侧腕水母属 *Pleurobrachia*

形态特征　体呈钝锥形,通过口道的横切面略呈圆形。8 条栉毛带的栉毛板数量相同,通常 15～30 块。触手 2 根,每根触手两侧生出几十条同一类型的分支。触手基部小而圆,与胃处于等高位置。

球型侧腕水母 *Pleurobrachia globosa* Moser，1903

地理分布　南海、东海。

短尾类（Brachyura）溞状幼虫

分类地位 节肢动物门 Arthropoda 软甲纲 Malacostraca 十足目 Decapoda

形态特征 短尾类幼虫包括溞状幼虫和大眼幼虫。溞状幼虫一般头胸部较发达，背甲有1根向上伸长的刺，其前端另有1根向下伸长的刺；腹部分节，向背部弯曲；头部具1对复眼。

地理分布 广泛分布。

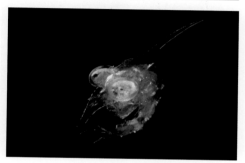

短尾类（Brachyura）溞状幼虫

长尾类（Macrura）幼虫

分类地位 节肢动物门 Arthropoda 软甲纲 Malacostraca 十足目 Decapoda

形态特征 长尾类幼虫泛指游行亚目及爬行亚目长尾派的各类幼虫。这类幼虫在浮游生物中的数量有时很大，不易鉴定，常合并归于一大类。图中的长尾类幼虫已发育接近成体形态。

地理分布 广泛分布。

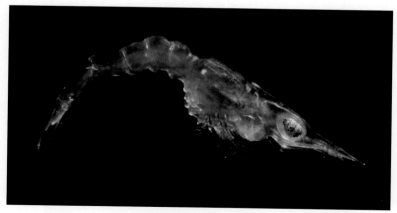

长尾类（Macrura）幼虫

多毛类（Polychaeta）幼虫

分类地位　环节动物门 Annelida 多毛纲 Polychaeta
形态特征　一般多毛类幼虫包括担轮幼虫和后期幼虫。后期幼虫也称为疣足幼虫。
地理分布　广泛分布。

多毛类（Polychaeta）幼虫

浮　蚕
Tomopteris sp.

分类地位　环节动物门 Annelida 多毛纲 Polychaeta 叶须虫目 Phyllodocida 浮蚕科 Tomopteridae 浮蚕属 *Tomopteris*
形态特征　体透明；口前叶明显；疣足大，呈桨状；无刚毛；触须 1 ～ 2 对。
地理分布　广泛分布。

浮蚕 *Tomopteris* sp.

住囊虫
Oikopleura sp.

分类地位　脊索动物门 Chordata 有尾纲 Appendicularia（目）Copelata　住囊虫科 Oikopleuridae 住囊虫属 *Oikopleura*

形态特征　发育不经过变态，成体还保留着幼虫的形态。体呈卵形，内柱短而直，尾部显著长于躯体。消化道呈管状，盘曲成 1 块厚的核。胃的两侧扩大为左、右 2 叶。

地理分布　广泛分布。

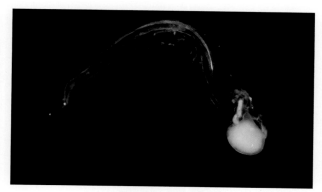

住囊虫 *Oikopleura* sp.

腹足类（Gastropoda）面盘幼虫

分类地位　软体动物门 Mollusca 腹足纲 Gastropoda

形态特征　从图中可以清晰地看到腹足类面盘幼虫 4 个发达的面盘和外壳。面盘上密布纤毛，是其浮游时期的运动器官。

地理分布　南海、东海。

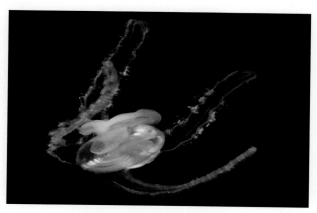

腹足类（Gastropoda）面盘幼虫

游泳动物

南方康吉鳗
Japonoconger sivicolus（**Matsubara & Ochiai，1951**）

分类地位　脊索动物门 Chordata（纲）
Teleostei 鳗鲡目 Anguilliformes 康吉鳗科
Congridae 日本康吉鳗属 *Japonoconger*

形态特征　体延长，尾不呈鞭状，背鳍起
始于胸鳍基前上方。

分　　布　我国东海，以及日本静冈海域、
高知海域，西北太平洋。

南方康吉鳗 *Japonoconger sivicolus*
（Matsubara & Ochiai，1951）

细斑裸胸鳝
Gymnothorax fimbriatus（**Bennett，1832**）

分类地位　脊索动物门 Chordata（纲）Teleostei 鳗鲡目 Anguilliformes 海鳝科
Muraenidae 裸胸鳝属 *Gymnothorax*

形态特征　体延长，侧扁，黄褐色至白色，布有小于眼且形状不规则的黑点或黑色
斑纹。

分　　布　我国东海南部、南海，以及日本高知以南海域、澳大利亚海域、印度－太
平洋热带水域。

细斑裸胸鳝 *Gymnothorax fimbriatus*（Bennett，1832）

密花裸胸鳝
Gymnothorax thyrsoideus（**Richardson，1845**）

分类地位　脊索动物门 Chordata（纲）Teleostei 鳗鲡目 Anguilliformes 海鳝科 Muraenidae 裸胸鳝属 *Gymnothorax*

形态特征　体长，侧扁。尾长等于或略大于头长与躯干长之和。

分　　布　我国东海南部、南海、台湾海域，以及琉球群岛海域、萨摩亚海域、印度－太平洋暖温带水域。

密花裸胸鳝 *Gymnothorax thyrsoideus*（Richardson，1845）

钱斑躄鱼
Antennarius nummifer（**Cuvier，1817**）

分类地位　脊索动物门 Chordata（纲）Teleostei 鮟鱇目 Lophiiformes 躄鱼科 Antennariidae 躄鱼属 *Abantennarius*

形态特征　体侧面观呈卵圆形，侧扁。背鳍第二鳍棘后无鳍膜，不与头部相连。

分　　布　我国南海，以及日本南部海域、印度海域、太平洋和东大西洋暖水岛礁区。

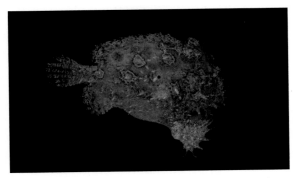

钱斑躄鱼 *Antennarius nummifer*（Cuvier，1817）

斑马躄鱼
Antennarius striatus（Shaw，1794）

分类地位 脊索动物门 Chordata（纲）Teleostei 鮟鱇目 Lophiiformes 躄鱼科 Antennariidae 躄鱼属 _Antennarius_

形态特征 体稍高,稍侧扁。斑马纹随鱼体生长而增多。

分　　布 我国东海,以及日本南部海域、印度－太平洋暖水域。

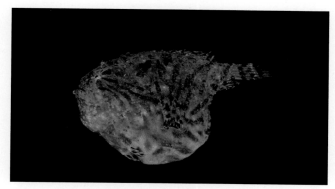

斑马躄鱼 _Antennarius striatus_（Shaw，1794）

日本长棘蝠鱼
Dibranchus japonicus Amaoka & Toyoshima，1981

分类地位 脊索动物门 Chordata（纲）Teleostei 鮟鱇目 Lophiiformes 蝙蝠鱼科 Ogcocephalidae 长棘蝠鱼属 _Dibranchus_

形态特征 体盘近圆形,腹部密生比背部小棘还小的微小棘。

分　　布 我国东海,以及日本岩手海域、和歌山海域。

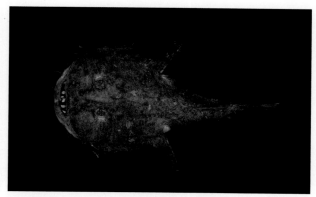

日本长棘蝠鱼 _Dibranchus japonicus_ Amaoka & Toyoshima，1981

突额棘茄鱼
Halieutaea indica **Annandale & Jenkins，1910**

分类地位　脊索动物门 Chordata（纲）Teleostei 鮟鱇目 Lophiiformes 蝙蝠鱼科 Ogcocephalidae 棘茄鱼属 *Halieutaea*

形态特征　体盘圆形。第一背鳍仅由 1 枚短的吻触手组成。

分　　布　我国南海，以及印度海域、新几内亚海域。

突额棘茄鱼 *Halieutaea indica* Annandale & Jenkins，1910

线纹鳗鲇
Plotosus lineatus（**Thunberg，1787**）

分类地位　脊索动物门 Chordata（纲）Teleostei 鲇形目 Siluriformes 鳗鲇科 Plotosidae 鳗鲇属 *Plotosus*

形态特征　体延长。第一背鳍和胸鳍各具 1 枚硬棘，第二背鳍与臀鳍、尾鳍连续。

分　　布　我国东海、南海、台湾海域，以及日本本州中部海域，澳大利亚海域，非洲和美洲佛罗里达热带、亚热带水域。

线纹鳗鲇 *Plotosus lineatus*（Thunberg，1787）

点带棘鳞鱼
Sargocentron rubrum（Forsskål，1775）

分类地位　脊索动物门 Chordata（纲）Teleostei（目）Holocentriformes 金鳞鱼科 Holocentridae 棘鳞鱼属 *Sargocentron*

形态特征　体侧面观呈长椭圆形。背鳍最后 1 枚鳍棘最短。背鳍、臀鳍鳍条部金黄色，鳍棘红色。胸鳍及尾鳍为金黄色。

分　　布　我国南海，以及日本南部海域，印度 - 太平洋温、热带水域。

点带棘鳞鱼 *Sargocentron rubrum*（Forsskål，1775）

博氏锯鳞鱼
Myripristis botche Cuvier，1829

分类地位　脊索动物门 Chordata（纲）Teleostei（目）Holocentriformes 金鳞鱼科 Holocentridae 锯鳞鱼属 *Myripristis*

形态特征　体红色，背鳍、臀鳍深红色，背鳍鳍棘部鳍膜红黄色。

分　　布　我国台湾海域，以及日本土佐湾以南海域、印度 - 太平洋暖水域。

博氏锯鳞鱼 *Myripristis botche* Cuvier，1829

鳞烟管鱼
Fistularia petimba Lacepède，1803

分类地位　脊索动物门 Chordata（纲）Teleostei（目）Syngnathiformes 烟管鱼科 Fistulariidae 烟管鱼属 *Fistularia*

形态特征　吻特别延长，形成长吻管。体光滑裸露，仅侧线在背鳍与臀鳍间有 1 列细长栉鳞。

分　　布　我国黄海、东海、南海、台湾海域，以及日本以南海域。

鳞烟管鱼 *Fistularia petimba* Lacepède，1803

条纹虾鱼
Aeoliscus strigatus（Günther，1861）

分类地位　脊索动物门 Chordata（纲）Teleostei（目）Syngnathiformes 波甲鱼科 Centriscidae 虾鱼属 *Aeoliscus*

形态特征　体极端侧扁，外被透明骨甲。背鳍第一鳍棘位于体后端。

分　　布　我国东海、台湾海域，以及日本相模湾以南海域、印度－西太平洋暖水域。

条纹虾鱼 *Aeoliscus strigatus*（Günther，1861）

管海马

Hippocampus kuda Bleeker，1852

　　分类地位　脊索动物门 Chordata（纲）Teleostei（目）Syngnathiformes 海龙科 Syngnathidae 海马属 *Hippocampus*

　　形态特征　体侧扁，躯干环 11 节。体环具突起或钝棘，尾部有数条横带。

　　分　　布　我国渤海、东海、南海、台湾海域，以及日本南部海域、印度－太平洋暖水域。

管海马 *Hippocampus kuda* Bleeker，1852

宽海蛾鱼

Eurypegasus draconis（Linnaeus，1766）

　　分类地位　脊索动物门 Chordata（纲）Teleostei（目）Dactylopteriformes 海蛾鱼科 Pegasidae 龙海蛾鱼属 *Eurypegasus*

　　形态特征　体扁平，褐色，背部与体侧具黑色条纹，第一尾节多有黑色带。

　　分　　布　我国南海、台湾海域，以及日本千叶以南海域、美国夏威夷海域、印度－太平洋热带水域。

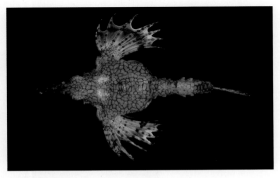

宽海蛾鱼 *Eurypegasus draconis*（Linnaeus，1766）

海蛾鱼
Pegasus laternarius Cuvier，1816

　　分类地位　脊索动物门 Chordata（纲）Teleostei（目）Dactylopteriformes 海蛾鱼科 Pegasidae 海蛾鱼属 *Pegasus*

　　形态特征　体宽短，平扁。背鳍 1 个，后位，与臀鳍相对。

　　分　　布　我国南海、台湾海域。

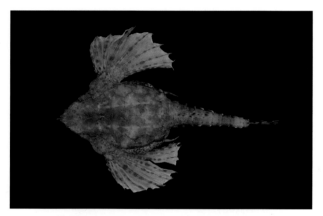

海蛾鱼 *Pegasus laternarius* Cuvier，1816

飞海蛾鱼
Pegasus volitans Linnaeus，1758

　　分类地位　脊索动物门 Chordata（纲）Teleostei（目）Dactylopteriformes 海蛾鱼科 Pegasidae 海蛾鱼属 *Pegasus*

　　形态特征　体平扁而尖，背部黑褐色，腹部色浅，有红褐色斑点和不明显的横带。

　　分　　布　我国南海、台湾海域，以及日本高知以南海域、印度－西太平洋暖水域。

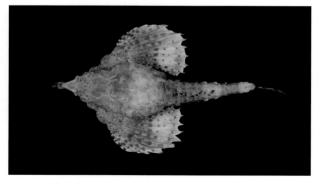

飞海蛾鱼 *Pegasus volitans* Linnaeus，1758

褐菖鲉

Sebastiscus marmoratus（Cuvier，1829）

分类地位　脊索动物门 Chordata（纲）Teleostei 鲈形目 Perciformes（科）Sebastidae 菖鲉属 *Sebastiscus*

形态特征　头背具棘棱。胸鳍鳍条通常 18 枚。体茶褐色或暗红色。

分　　布　分布于西太平洋，在我国沿海均有分布，为广东沿海一带常见鱼类。

褐菖鲉 *Sebastiscus marmoratus*（Cuvier，1829）

长棘拟鳞鲉

Paracentropogon longispinis（Cuvier，1829）

分类地位　脊索动物门 Chordata（纲）Teleostei 鲈形目 Perciformes（科）Tetrarogidae 拟鳞鲉属 *Paracentropogon*

形态特征　体延长，体被小圆鳞，小圆鳞埋于皮下。背鳍连续，基底很长。

分　　布　我国南海、东海。

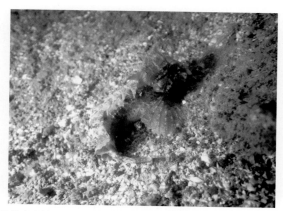

长棘拟鳞鲉 *Paracentropogon longispinis*（Cuvier，1829）

圆鳞鲉（花彩圆鳞鲉）
Parascorpaena picta（Cuvier，1829）

分类地位　脊索动物门 Chordata（纲）Teleostei 鲈形目 Perciformes 鲉科 Scorpaenidae 圆鳞鲉属 *Parascorpaena*

形态特征　体侧面观呈长椭圆形,被圆鳞。背鳍有7枚鳍棘。

分　　布　我国东海、南海、台湾海域,以及印度尼西亚海域、印度 - 西太平洋暖水域。

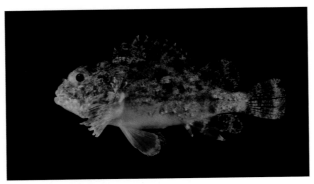

圆鳞鲉 *Parascorpaena picta*（Cuvier，1829）

拉氏拟鲉
Scorpaenopsis ramaraoi Randall & Eschmeyer，2002

分类地位　脊索动物门 Chordata（纲）Teleostei 鲈形目 Perciformes 鲉科 Scorpaenidae 拟鲉属 *Scorpaenopsis*

形态特征　体侧面观呈长椭圆形,侧扁,背部褐色,有黑色斑块。

分　　布　我国台湾海域。

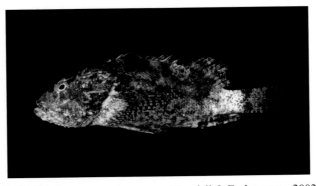

拉氏拟鲉 *Scorpaenopsis ramaraoi* Randall & Eschmeyer，2002

毒拟鲉

Scorpaenopsis diabolus（**Cuvier，1829**）

分类地位　脊索动物门 Chordata（纲）Teleostei 鲈形目 Perciformes 鲉科 Scorpaenidae 拟鲉属 *Scorpaenopsis*

形态特征　体延长，侧扁，背鳍起始处显著高耸，红褐色。体侧有 4 条横纹。

分　　布　我国南海、台湾海域，以及琉球群岛海域、印度－太平洋暖水域。

毒拟鲉 *Scorpaenopsis diabolus*（Cuvier，1829）

翱翔蓑鲉

Pterois volitans（**Linnaeus，1758**）

分类地位　脊索动物门 Chordata（纲）Teleostei 鲈形目 Perciformes 鲉科 Scorpaenidae 蓑鲉属 *Pterois*

形态特征　背鳍和胸鳍长大，胸鳍有 14 枚鳍条。体侧具 25 条宽狭相间、深浅交替的横纹。

分　　布　我国南海、台湾海域，以及日本骏河湾以南海域、澳大利亚海域、印度－西太平洋暖水域。

翱翔蓑鲉 *Pterois volitans*（Linnaeus，1758）

花斑短鳍蓑鲉
Dendrochirus zebra（Cuvier，1829）

分类地位　脊索动物门 Chordata（纲）Teleostei 鲈形目 Perciformes 鲉科 Scorpaenidae 短鳍蓑鲉属 *Dendrochirus*

形态特征　体修长，红色。体侧具 11 条宽狭相间的褐色横带。

分　　布　我国南海，以及日本南部海域、印度－太平洋热带水域。

花斑短鳍蓑鲉 *Dendrochirus zebra*（Cuvier，1829）

鲬
Platycephalus indicus（Linnaeus，1758）

分类地位　脊索动物门 Chordata（纲）Teleostei 鲈形目 Perciformes 鲬科 Platycephalidae 鲬属 *Platycephalus*

形态特征　体延长，被小栉鳞。背鳍 2 个，分离，第一背鳍后有 1 枚短游离棘。

分　　布　我国渤海、黄海、东海、南海，以及日本南部海域，印度尼西亚海域，菲律宾海域，印度洋，中西、西北太平洋温暖水域。

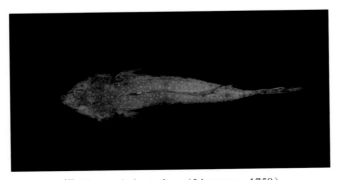

鲬 *Platycephalus indicus*（Linnaeus，1758）

大眼鲬

Suggrundus meerdervoortii（Bleeker，1860）

分类地位　脊索动物门 Chordata（纲）Teleostei 鲈形目 Perciformes 鲬科 Platycephalidae 大眼鲬属 *Suggrundus*

形态特征　体延长。第一背鳍灰黑色，第二背鳍具数行点列斑纹。鳞稍小，栉鳞。

分　　布　我国东海、南海，以及日本南部海域、西北太平洋温水域。

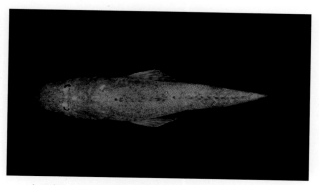

大眼鲬 *Suggrundus meerdervoortii*（Bleeker，1860）

青石斑鱼

Epinephelus awoara（Temminck & Schlegel，1842）

分类地位　脊索动物门 Chordata（纲）Teleostei 鲈形目 Perciformes 鮨科 Serranidae 石斑鱼属 *Epinephelus*

形态特征　体侧面观呈长椭圆形。背鳍鳍条部和尾鳍边缘黄色。体侧有 5 条暗褐色宽横带。

分　　布　我国黄海、东海、南海、台湾海域，以及日本新潟以南海域、朝鲜半岛海域、西北太平洋暖水域。

青石斑鱼 *Epinephelus awoara*（Temminck & Schlegel，1842）

珊瑚石斑鱼
Epinephelus corallicola（**Valenciennes，1828**）

分类地位 脊索动物门 Chordata（纲）Teleostei 鲈形目 Perciformes 鮨科 Serranidae 石斑鱼属 *Epinephelus*

形态特征 体侧面观呈长椭圆形，灰褐色。背鳍基部有 3 个大黑斑是其显著特征。

分　　布 我国南海、台湾海域，以及新加坡海域、琉球群岛海域、中西太平洋暖水域。

珊瑚石斑鱼 *Epinephelus corallicola*（Valenciennes，1828）（幼鱼）

玳瑁石斑鱼
Epinephelus quoyanus（**Valenciennes，1830**）

分类地位 脊索动物门 Chordata（纲）Teleostei 鲈形目 Perciformes 鮨科 Serranidae 石斑鱼属 *Epinephelus*

形态特征 体侧面观呈长椭圆形，头部、体部密布状似蜂巢的六角形暗斑。

分　　布 我国台湾海域，以及日本沿海、西太平洋暖水域。

玳瑁石斑鱼 *Epinephelus quoyanus*（Valenciennes，1830）

双带鲈

Diploprion bifasciatum Cuvier，1828

分类地位　脊索动物门 Chordata（纲）Teleostei 鲈形目 Perciformes 鮨科 Serranidae 黄鲈属 *Diploprion*

形态特征　体侧面观呈椭圆形，被细小栉鳞。两背鳍分离，仅在基部相连。

分　　布　我国南海、东海。

双带鲈 *Diploprion bifasciatum* Cuvier，1828

黑线戴氏鱼

Labracinus cyclophthalmus（Müller & Troschel，1849）

分类地位　脊索动物门 Chordata（纲）Teleostei（目）Ovalentaria incertae sedis 拟雀鲷科 Pseudochromidae 戴氏鱼属 *Labracinus*

形态特征　体橘红色，具深黑色横纹。各鳍红黑色。眼前缘和颊部有 8 ～ 9 条蓝色斜纹。

分　　布　我国南海、台湾海域，以及西太平洋暖水域。

黑线戴氏鱼 *Labracinus cyclophthalmus*（Müller & Troschel，1849）

赛尔天竺鲷
Apogonichthyoides sialis（Jordan & Thompson，1914）

分 类 地 位　脊索动物门 Chordata（纲）Teleostei（目）Kurtiformes 天竺鲷科 Apogonidae 似天竺鲷属 *Apogonichthyoides*

形态特征　体侧面观呈长卵圆形。第一背鳍和第二背鳍下方各有一横带。

分　　布　我国台湾海域，以及西太平洋暖水域。

赛尔天竺鲷 *Apogonichthyoides sialis*（Jordan & Thompson，1914）

巨牙天竺鲷
Cheilodipterus macrodon（Lacepède，1802）

分 类 地 位　脊索动物门 Chordata（纲）Teleostei（目）Kurtiformes 天竺鲷科 Apogonidae 巨牙天竺鲷属 *Cheilodipterus*

形态特征　体呈纺锤形。体侧有 8 条幅宽相等的褐色纵带。

分　　布　我国南海、台湾海域，以及日本千叶海域、小笠原群岛海域，印度 - 西太平洋暖水域。

巨牙天竺鲷 *Cheilodipterus macrodon*（Lacepède，1802）

纵带巨牙天竺鲷
Cheilodipterus artus Smith，1961

分类地位 脊索动物门 Chordata（纲）Teleostei（目）Kurtiformes 天竺鲷科 Apogonidae 巨牙天竺鲷属 *Cheilodipterus*

形态特征 体淡褐色。体侧有 8 条幅宽不等的黄褐色纵带。

分　　布 我国台湾海域，以及琉球群岛海域、印度－西太平洋暖水域。

纵带巨牙天竺鲷 *Cheilodipterus artus* Smith，1961

珍　鲹
Caranx ignobilis（Forsskål，1775）

分类地位 脊索动物门 Chordata（纲）Teleostei（目）Carangiformes 鲹科 Carangidae 鲹属 *Caranx*

形态特征 体呈纺锤形，侧扁。额头突出。眼睛被适度发育的脂肪眼睑覆盖，上颌骨后端达瞳孔后缘下方或刚好超过瞳孔后缘下方。胸部基部没有鳞片。胸鳍镰刀状。头部与身体背部暗金色，腹部银色，鳍通常灰色至黑色。

分　　布 我国黄海、东海、南海、台湾海域，以及日本南部海域、印度－太平洋暖水域。

珍鲹 *Caranx ignobilis*（Forsskål，1775）

白舌尾甲鲹
Uraspis helvola（Forster，1801）

分类地位　脊索动物门 Chordata（纲）Teleostei（目）Carangiformes 鲹科 Carangidae 尾甲鲹属 *Uraspis*

形态特征　体侧面观呈长椭圆形,背部黑褐色,腹部灰白色。成鱼腹鳍长为胸鳍长的 1/2。

分　　布　我国东海、南海、台湾海域,以及日本南部海域、印度－太平洋和大西洋暖水域。

白舌尾甲鲹 *Uraspis helvola*（Forster，1801）

高体鰤
Seriola dumerili（Risso，1810）

分类地位　脊索动物门 Chordata（纲）Teleostei（目）Carangiformes 鲹科 Carangidae 鰤属 *Seriola*

形态特征　体呈纺锤形。第二背鳍、臀鳍前部不呈镰状。体侧中间有一不明显的淡黄色纵带。

分　　布　我国黄海、东海、南海、台湾海域,以及日本南部海域,东太平洋以外的温带、热带水域。

高体鰤 *Seriola dumerili*（Risso，1810）

大吻叫姑鱼
Johnius macrorhynus（Lal Mohan，1976）

分类地位 脊索动物门 Chordata（纲）Teleostei（目）Eupercaria incertae sedis 石首鱼科 Sciaenidae 叫姑鱼属 *Johnius*

形态特征 体侧面观呈长椭圆形，背部紫褐色，腹部白色至橘黄色。侧线上鳞5行。

分　　布 我国南海、台湾海域，以及马来半岛海域、印度－太平洋暖水域。

大吻叫姑鱼 *Johnius macrorhynus*（Lal Mohan，1976）

叉尾鲷
Aphareus furca（Lacepède，1801）

分类地位 脊索动物门 Chordata（纲）Teleostei（目）Eupercaria incertaesedis 笛鲷科 Lutjanidae 叉尾鲷属 *Aphareus*

形态特征 体呈纺锤形，背部深青色，腹部淡青色，头部有褐色带。

分　　布 我国东海、南海、台湾海域，以及日本南部海域、印度－太平洋暖水域。

叉尾鲷 *Aphareus furca*（Lacepède，1801）

四带笛鲷
Lutjanus kasmira（Forsskål，1775）

分类地位　脊索动物门 Chordata（纲）Teleostei（目）Eupercaria incertae sedis 笛鲷科 Lutjanidae 笛鲷属 *Lutjanus*

形态特征　体侧有 4 条蓝色纵带，纵带边缘呈黑色。腹部上有数条颜色较淡的蓝色细纵带。各鳍黄色，背鳍与尾鳍具黑缘。

分　　布　我国东海、南海、台湾海域，以及日本南部海域、印度－太平洋暖水域。

四带笛鲷 *Lutjanus kasmira*（Forsskål，1775）

星点笛鲷
Lutjanus stellatus Akazaki，1983

分类地位　脊索动物门 Chordata（纲）Teleostei（目）Eupercaria incertae sedis 笛鲷科 Lutjanidae 笛鲷属 *Lutjanus*

形态特征　体侧面观呈椭圆形。体侧背鳍鳍条下方具一白斑。鳞片上无白点。

分　　布　我国南海、台湾海域，以及日本南部海域、西北太平洋暖水域。

星点笛鲷 *Lutjanus stellatus* Akazaki，1983

千年笛鲷
Lutjanus sebae（Cuvier，1816）

分类地位 脊索动物门 Chordata（纲）Teleostei（目）Eupercaria incertae sedis 笛鲷科 Lutjanidae 笛鲷属 *Lutjanus*

形态特征 体侧面观呈卵圆形，背部深红色，具 3 条暗红色宽斜带。侧线以下鳞均斜列。

分　　布 我国东海、南海、台湾海域，以及日本南部海域、印度 - 西太平洋暖水域。

千年笛鲷 *Lutjanus sebae*（Cuvier，1816）

紫红笛鲷
Lutjanus argentimaculatus（Forsskål，1775）

分类地位 脊索动物门 Chordata（纲）Teleostei（目）Eupercaria incertae sedis 笛鲷科 Lutjanidae 笛鲷属 *Lutjanus*

形态特征 体侧面观呈长椭圆形。背鳍、臀鳍基底具鳞鞘。侧线上方鳞在背前部与侧线平行，在后部转为斜列。

分　　布 我国东海、南海、台湾海域，以及日本南部海域、印度 - 西太平洋暖水域。

紫红笛鲷 *Lutjanus argentimaculatus*（Forsskål，1775）

画眉笛鲷
Lutjanus vitta（Quoy & Gaimard，1824）

分类地位 脊索动物门 Chordata（纲）Teleostei（目）Eupercaria incertae sedis 笛鲷科 Lutjanidae 笛鲷属 _Lutjanus_

形态特征 体侧面观呈长椭圆形。背鳍前缘始于瞳孔后缘。沿鳞列具棕色线纹，体侧中部有一黑色纵带。

分　　布 我国东海、南海、台湾海域，以及琉球群岛海域、印度－西太平洋暖水域。

画眉笛鲷 _Lutjanus vitta_（Quoy & Gaimard，1824）

黄尾梅鲷
Caesio cuning（Bloch，1791）

分类地位 脊索动物门 Chordata（纲）Teleostei（目）Eupercaria incertae sedis 梅鲷科 Caesionidae 梅鲷属 _Caesio_

形态特征 体侧面观呈长椭圆形，略侧扁。背部蓝色，腹部黄红色。口小，上、下颌齿细小。尾柄较细长。侧线近乎平直，通达尾柄末端。

分　　布 我国南海、台湾海域，以及琉球群岛海域、印度－西太平洋暖水域。

黄尾梅鲷 _Caesio cuning_（Bloch，1791）

黄点裸颊鲷
Lethrinus erythracanthus Valenciennes，1830

分类地位　脊索动物门 Chordata（纲）Teleostei（目）Eupercaria incertae sedis 裸颊鲷科 Lethrinidae 裸颊鲷属 *Lethrinus*

形态特征　体侧面观呈长椭圆形，尾鳍后缘截形。体深褐色，各鳍深红色。

分　　布　我国南海、台湾海域，以及印度 - 太平洋暖水域。

黄点裸颊鲷 *Lethrinus erythracanthus* Valenciennes，1830

短吻裸颊鲷
Lethrinus ornatus Valenciennes，1830

分类地位　脊索动物门 Chordata（纲）Teleostei（目）Eupercaria incertaesedis 裸颊鲷科 Lethrinidae 裸颊鲷属 *Lethrinus*

形态特征　体侧面观呈长椭圆形，淡黄绿色，具 5 ~ 6 条橙色纵带。背鳍鳍棘粗短。

分　　布　我国南海、台湾海域，以及日本冲绳以南海域、印度 - 西太平洋暖水域。

短吻裸颊鲷 *Lethrinus ornatus* Valenciennes，1830

黑棘鲷
Acanthopagrus schlegelii（Bleeker，1854）

分类地位　脊索动物门 Chordata（纲）Teleostei（目）Eupercaria incertae sedis 鲷科 Sparidae 棘鲷属 *Acanthopagrus*

形态特征　体侧面观呈长椭圆形。背鳍鳍棘粗强。体侧有许多不太明显的褐色横带。

分　　布　我国渤海、黄海、东海、南海、台湾海域，以及日本北海道以南海域、朝鲜半岛海域、西北太平洋温暖水域。

黑棘鲷 *Acanthopagrus schlegelii*（Bleeker，1854）

黄鳍棘鲷（黄鳍鲷）
Acanthopagrus latus（Houttuyn，1782）

分类地位　脊索动物门 Chordata（纲）Teleostei（目）Eupercaria incertae sedis 鲷科 Sparidae 棘鲷属 *Acanthopagrus*

形态特征　体长约为体高的 2.4 倍。背鳍、臀鳍鳍棘粗短。体侧青黄色。各鳍基底暗金色。

分　　布　我国东海、南海、台湾海域，以及日本南部海域、菲律宾海域、印度－西太平洋暖水域。

黄鳍棘鲷 *Acanthopagrus latus*（Houttuyn，1782）

灰鳍棘鲷
Acanthopagrus berda（Forsskål，1775）

分类地位 脊索动物门 Chordata（纲）Teleostei（目）Eupercaria incertae sedis 鲷科 Sparidae 棘鲷属 *Acanthopagrus*

形态特征 体侧扁，背缘弯曲，腹缘较平。背鳍1个，鳍棘强大，与鳍条间缺刻不明显。腹鳍及臀鳍灰色。

分　　布 我国东海、南海。

灰鳍棘鲷 *Acanthopagrus berda*（Forsskål，1775）

真赤鲷
Pagrus major（Temminck & Schlegel，1843）

分类地位 脊索动物门 Chordata（纲）Teleostei（目）Eupercaria incertae sedis 鲷科 Sparidae 真鲷属 *Pagrus*

形态特征 体侧面观呈长椭圆形，鲜红色。体侧散布蓝色小点。各鳍红色。

分　　布 我国渤海、黄海、东海、南海、台湾海域，以及日本北海道以南海域、朝鲜半岛海域、西北太平洋温暖水域。

真赤鲷 *Pagrus major*（Temminck & Schlegel，1843）

平　鲷
Rhabdosargus sarba（Forsskål，1775）

　　分类地位　脊索动物门 Chordata（纲）Teleostei（目）Eupercaria incertae sedis 鲷科 Sparidae 平鲷属 *Rhabdosargus*

　　形态特征　体侧面观呈卵圆形。背鳍、臀鳍鳍棘短。每枚鳞有一褐色小点。

　　分　　布　我国黄海、东海、南海、台湾海域，以及日本南部海域、印度－西太平洋暖水域。

平鲷 *Rhabdosargus sarba*（Forsskål，1775）

线尾锥齿鲷
Pentapodus setosus（Valenciennes，1830）

　　分类地位　脊索动物门 Chordata（纲）Teleostei（目）Eupercaria incertae sedis 金线鱼科 Nemipteridae 锥齿鲷属 *Pentapodus*

　　形态特征　体延长。头顶被鳞。背鳍淡红色，体上半部有一黄带贯通。

　　分　　布　我国南海，以及菲律宾海域、印度－西太平洋暖水域。

线尾锥齿鲷 *Pentapodus setosus*（Valenciennes，1830）

安芬眶棘鲈（彼氏眶棘鲈）

Scolopsis affinis Peters，1877

分类地位　脊索动物门 Chordata（纲）Teleostei（目）Eupercaria incertae sedis 金线鱼科 Nemipteridae 眶棘鲈属 *Scolopsis*

形态特征　体侧面观呈长椭圆形，背部淡灰褐色，腹部银白色，眼后体侧至尾鳍基有一黄褐色纵带。

分　　布　我国南海、台湾海域，以及琉球群岛海域、菲律宾海域、印度 - 西太平洋暖水域。

安芬眶棘鲈 *Scolopsis affinis* Peters，1877

伏氏眶棘鲈

Scolopsis vosmeri（Bloch，1792）

分类地位　脊索动物门 Chordata（纲）Teleostei（目）Eupercaria incertae sedis 金线鱼科 Nemipteridae 眶棘鲈属 *Scolopsis*

形态特征　体侧面观呈长椭圆形，背鳍、臀鳍基有鳞鞘。鳃盖上有一半月形白斑。

分　　布　我国南海、台湾海域，以及琉球群岛海域、印度 - 西太平洋暖水域。

伏氏眶棘鲈 *Scolopsis vosmeri*（Bloch，1792）

三带眶棘鲈
Scolopsis lineata Quoy & Gaimard，1824

分类地位　脊索动物门 Chordata（纲）Teleostei（目）Eupercaria incertae sedis 金线鱼科 Nemipteridae 眶棘鲈属 *Scolopsis*

形态特征　体侧面观呈长椭圆形。背鳍鳍棘前部有一黑斑。体侧具褐色栅栏状带纹。

分　　布　我国南海、台湾海域，以及琉球群岛海域、印度－西太平洋暖水域。

三带眶棘鲈 *Scolopsis lineata* Quoy & Gaimard，1824

条斑胡椒鲷
Plectorhinchus vittatus（Linnaeus，1758）

分类地位　脊索动物门 Chordata（纲）Teleostei（目）Eupercaria incertae sedis 仿石鲈科 Haemulidae（属）*Plectorhinchus*

形态特征　未发现成体。幼鱼体及各鳍呈褐色而有大型白色斑块散布。

分　　布　广泛分布于印度－西太平洋暖水域。

条斑胡椒鲷 *Plectorhinchus vittatus*（Linnaeus，1758）

胡椒鲷
Plectorhinchus sp.

分类地位 脊索动物门 Chordata（纲）Teleostei（目）Eupercaria incertae sedis 仿石鲈科 Haemulidae（属）*Plectorhinchus*

胡椒鲷 *Plectorhinchus pictus*（Tortonese，1936）（幼鱼）

三线矶鲈
Parapristipoma trilineatum（**Thunberg，1793**）

分类地位 脊索动物门 Chordata（纲）Teleostei（目）Eupercaria incertae sedis 仿石鲈科 Haemulidae 矶鲈属 *Parapristipoma*

形态特征 体侧面观呈长椭圆形，被小栉鳞。背鳍连续，无缺刻。

分　　布 我国东海、南海、台湾海域，以及日本中部以南海域、西太平洋暖水域。

三线矶鲈 *Parapristipoma trilineatum*（Thunberg，1793）

四带牙鯻
Pelates quadrilineatus（**Bloch，1790**）

分类地位　脊索动物门 Chordata（纲）Teleostei（目）Centrarchiformes 鯻科 Terapontidae 牙鯻属 *Pelates*

形态特征　体侧面观呈长椭圆形。背鳍缺刻深。体侧有 4～6 条褐色纵带。

分　　布　我国南海、台湾海域，以及日本南部海域、西太平洋暖水域。

四带牙鯻 *Pelates quadrilineatus*（Bloch，1790）

细刺鱼
Microcanthus strigatus（**Cuvier，1831**）

分类地位　脊索动物门 Chordata（纲）Teleostei（目）Centrarchiformes 鱵科 Kyphosidae 细刺鱼属 *Microcanthus*

形态特征　体侧面观呈卵圆形，被小栉鳞。背鳍连续。体侧有 5～6 条黑色宽纵带。

分　　布　我国黄海、东海、南海、台湾海域，以及日本茨城以南海域、西太平洋温暖水域。

细刺鱼 *Microcanthus strigatus*（Cuvier，1831）

黑斑绯鲤

Upeneus tragula **Richardson，1846**

分类地位　脊索动物门 Chordata（纲）Teleostei 羊鱼目 Mulliformes 羊鱼科 Mullidae 绯鲤属 *Upeneus*

形态特征　体延长，被栉鳞。眶前有鳞。体侧有一褐色纵带。

分　　布　我国南海、台湾海域，以及日本南部海域、印度－太平洋暖水域。

黑斑绯鲤 *Upeneus tragula* Richardson，1846

黑梢单鳍鱼

Pempheris oualensis **Cuvier，1831**

分类地位　脊索动物门 Chordata（纲）Teleostei（目）Acropomatiformes 单鳍鱼科 Pempheridae 单鳍鱼属 *Pempheris*

形态特征　体侧面观呈长卵圆形，黑褐色。背鳍上端、胸鳍基部有黑斑。

分　　布　我国南海、台湾海域，以及琉球群岛以南海域，印度－西太平洋暖水域。

黑梢单鳍鱼 *Pempheris oualensis* Cuvier，1831

燕 鱼
Platax teira（Forsskål，1775）

　　分类地位　脊索动物门 Chordata（纲）Teleostei（目）Acanthuriformes 白鲳科 Ephippidae 燕鱼属 *Platax*

　　形态特征　体侧面观略呈菱形，背部褐色，腹部淡褐色。背鳍连续，无缺刻。

　　分　　布　我国南海、台湾海域，以及日本钏路以南海域、印度－西太平洋暖水域。

燕鱼 *Platax teira*（Forsskål，1775）

圆燕鱼
Platax orbicularis（Forsskål，1775）

　　分类地位　脊索动物门 Chordata（纲）Teleostei（目）Acanthuriformes 白鲳科 Ephippidae 燕鱼属 *Platax*

　　形态特征　体侧面观略呈菱形，灰褐色。体侧有 2 ～ 3 条暗色横带，横带中混杂小黑点。

　　分　　布　我国南海、台湾海域，以及琉球群岛海域、印度－西太平洋暖水域。

圆燕鱼 *Platax orbicularis*（Forsskål，1775）

金钱鱼
Scatophagus argus（Linnaeus，1766）

分类地位 脊索动物门 Chordata（纲）Teleostei（目）Acanthuriformes 金钱鱼科 Scatophagidae 金钱鱼属 *Scatophagus*

形态特征 体侧面观呈椭圆形，被小栉鳞，背鳍有一向前倒棘。

分　　布 我国东海、南海、台湾海域，以及日本和歌山以南海域、印度 – 太平洋暖水域。

金钱鱼 *Scatophagus argus*（Linnaeus，1766）

黑背蝴蝶鱼
Chaetodon melannotus Bloch & Schneider，1801

分类地位 脊索动物门 Chordata（纲）Teleostei（目）Acanthuriformes 蝴蝶鱼科 Chaetodontidae 蝴蝶鱼属 *Chaetodon*

形态特征 体侧面观近圆形，周缘黄色。体侧各鳞具小黑点，形成许多规则的斜纹。

分　　布 我国南海、台湾海域，以及日本千叶以南海域、印度 – 太平洋暖水域。

黑背蝴蝶鱼 *Chaetodon melannotus* Bloch & Schneider，1801

八带蝴蝶鱼
Chaetodon octofasciatus Bloch，1787

　　分类地位　脊索动物门 Chordata（纲）Teleostei（目）Acanthuriformes 蝴蝶鱼科 Chaetodontidae 蝴蝶鱼属 *Chaetodon*

　　形态特征　体侧面观近圆形，黄褐色。体侧有 6～7 条等间隔的黑色窄横带。

　　分　　布　我国南海、台湾海域，以及日本奄美大岛以南海域、印度 - 西太平洋暖水域。

八带蝴蝶鱼 *Chaetodon octofasciatus* Bloch，1787

丽蝴蝶鱼
Chaetodon wiebeli Kaup，1863

　　分类地位　脊索动物门 Chordata（纲）Teleostei（目）Acanthuriformes 蝴蝶鱼科 Chaetodontidae 蝴蝶鱼属 *Chaetodon*

　　形态特征　体侧面观近圆形。背鳍、臀鳍后缘圆弧形。沿鳞列有 16～18 条上斜的橙褐色纵线。

　　分　　布　我国南海、台湾海域，以及日本伊豆海域、高知以南海域，西太平洋暖水域。

丽蝴蝶鱼 *Chaetodon wiebeli* Kaup，1863

丝蝴蝶鱼

Chaetodon auriga Forsskål，1775

分类地位　脊索动物门 Chordata（纲）Teleostei（目）Acanthuriformes 蝴蝶鱼科 Chaetodontidae 蝴蝶鱼属 *Chaetodon*

形态特征　体侧面观呈椭圆形。背鳍鳍条呈丝状延长。体侧上部有 7～8 条斜纹，与腹部 9～10 条斜纹呈直角交叉。

分　　布　我国南海、台湾海域，以及日本茨城以南海域、印度－西太平洋暖水域。

丝蝴蝶鱼 *Chaetodon auriga* Forsskål，1775

三纹蝴蝶鱼

Chaetodon trifascialis Quoy & Gaimard，1825

分类地位　脊索动物门 Chordata（纲）Teleostei（目）Acanthuriformes 蝴蝶鱼科 Chaetodontidae 蝴蝶鱼属 *Chaetodon*

形态特征　体侧面观呈椭圆形，蓝灰色。体侧具 14～20 条蓝黑色羽状斜带。

分　　布　我国南海、台湾海域，以及日本骏河湾以南海域、印度－太平洋暖水域。

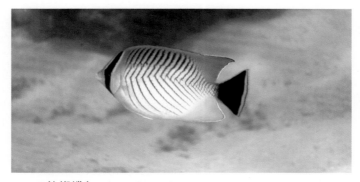

三纹蝴蝶鱼 *Chaetodon trifascialis* Quoy & Gaimard，1825

钻嘴鱼
Chelmonrostratus（Linnaeus，1758）

　　分类地位　脊索动物门 Chordata（纲）Teleostei（目）Acanthuriformes 蝴蝶鱼科 Chaetodontidae 钻嘴鱼属 *Chelmon*

　　形态特征　体侧面观呈卵圆形，被中等大栉鳞。背鳍鳍条部有一眼斑。

　　分　　布　我国南海、台湾海域，以及日本石垣岛以南海区、印度－西太平洋暖水域。

钻嘴鱼 *Chelmonrostratus*（Linnaeus，1758）

马夫鱼
Heniochus acuminatus（Linnaeus，1758）

　　分类地位　脊索动物门 Chordata（纲）Teleostei（目）Acanthuriformes 蝴蝶鱼科 Chaetodontidae 马夫鱼属 *Heniochus*

　　形态特征　体呈圆锥状。背鳍第四鳍棘呈鞭状延长。体侧有 2 条黑色宽横带。

　　分　　布　我国南海、台湾海域，以及日本长崎县以南海域、印度－太平洋暖水域。

马夫鱼 *Heniochus acuminatus*（Linnaeus，1758）

眼点副蝴蝶鱼（副蝴蝶鱼）
Parachaetodon ocellatus（Cuvier，1831）

分类地位　脊索动物门 Chordata（纲）Teleostei（目）Acanthuriformes 蝴蝶鱼科 Chaetodontidae 副蝴蝶鱼属 *Parachaetodon*

形态特征　体侧面观呈卵圆形，被中等大弱栉鳞。背鳍有 5 ～ 7 枚弱棘。侧线不完全。

分　　布　我国南海，以及日本小笠原群岛海域、印度 – 西太平洋暖水域。

眼点副蝴蝶鱼 *Parachaetodon ocellatus*（Cuvier，1831）

斑石鲷
Oplegnathus punctatus（Temminck & Schlegel，1844）

分类地位　脊索动物门 Chordata（纲）Teleostei（目）Centrarchiformes 石鲷科 Oplegnathidae 石鲷属 *Oplegnathus*

形态特征　体侧面观呈椭圆形，灰褐色，密布黑褐色圆斑。雄鱼黑斑消失，口周边变白色。

分　　布　我国黄海、东海、南海、台湾海域，以及日本本州中部以南海域、太平洋暖水域。

斑石鲷 *Oplegnathus punctatus*（Temminck & Schlegel，1844）

金 鲹
Cirrhitichthys aureus（**Temminck & Schlegel，1842**）

　　分 类 地 位　脊 索 动 物 门 Chordata（纲）Teleostei（目）Centrarchiformes 鲹科 Cirrhitidae 金鲹属 *Cirrhitichthys*

　　形态特征　体侧面观呈长椭圆形，被圆鳞。背鳍第一鳍条呈丝状延长。

　　分　　布　我国东海、南海、台湾海域，以及日本相模湾以南海域、印度－西太平洋暖水域。

金鲹 *Cirrhitichthys aureus*（Temminck & Schlegel，1842）

斑金鲹
Cirrhitichthy saprinus（**Cuvier，1829**）

　　分 类 地 位　脊 索 动 物 门 Chordata（纲）Teleostei（目）Centrarchiformes 鲹 科 Cirrhitidae 金鲹属 *Cirrhitichthys*

　　形态特征　体侧面观呈长椭圆形，淡褐色。头、体有许多暗红色斑块。

　　分　　布　我国南海、台湾海域，以及日本相模湾以南海域、印度－西太平洋暖水域。

斑金鲹 *Cirrhitichthy saprinus*（Cuvier，1829）

鞍斑锦鱼
Thalassoma hardwicke（Bennett，1830）

分类地位　脊索动物门 Chordata（纲）Teleostei（目）Eupercaria incertae sedis 隆头鱼科 Labridae 锦鱼属 *Thalassoma*

形态特征　体侧面观呈长椭圆形，背部具 5 ～ 7 个紫黑色鞍状斑。背鳍有一黑色纵纹。

分　　布　我国南海、台湾海域，以及日本小笠原群岛海域、和歌山以南海域，印度 - 西太平洋暖水域。

鞍斑锦鱼 *Thalassoma hardwicke*（Bennett，1830）

新月锦鱼
Thalassoma lunare（Linnaeus，1758）

分类地位　脊索动物门 Chordata（纲）Teleostei（目）Eupercaria incertae sedis 隆头鱼科 Labridae 锦鱼属 *Thalassoma*

形态特征　体延长，体绿褐色。背鳍和尾柄各有一小黑斑。体侧各鳞有一紫色线纹。

分　　布　我国南海、台湾海域，以及日本和歌山以南海域、印度 - 太平洋暖水域。

新月锦鱼 *Thalassoma lunare*（Linnaeus，1758）

断纹紫胸鱼

Stethojulis interrupta（Bleeker，1851）

分类地位 脊索动物门 Chordata（纲）Teleostei（目）Eupercaria incertae sedis 隆头鱼科 Labridae 紫胸鱼属 *Stethojulis*

形态特征 体延长。雌鱼体背部淡红褐色，体侧下方有 4 纵列黑色小点。雄鱼体上半部蓝褐色，下半部淡绿色，中间具一条紫蓝色纵线。

分　　布 我国南海、台湾海域，以及日本千叶以南海域、菲律宾海域、印度－西太平洋暖水域。

断纹紫胸鱼 *Stethojulis interrupta*（Bleeker，1851）

云斑海猪鱼

Halichoeres nigrescens（Bloch & Schneider，1801）

分类地位 脊索动物门 Chordata（纲）Teleostei（目）Eupercaria incertae sedis 隆头鱼科 Labridae 海猪鱼属 *Halichoeres*

形态特征 体侧面观呈长椭圆形。背鳍鳍棘部有眼状斑。体侧有 4 ～ 6 条不规则的云状暗斑。

分　　布 我国东海、南海、台湾海域，以及琉球群岛海域、印度－西太平洋暖水域。

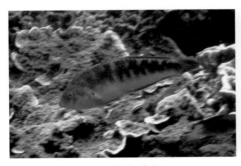

云斑海猪鱼 *Halichoeres nigrescens*（Bloch & Schneider，1801）

臀点海猪鱼
Halichoeres miniatus（**Valenciennes，1839**）

分类地位　脊索动物门 Chordata（纲）Teleostei（目）Eupercaria incertae sedis 隆头鱼科 Labridae 海猪鱼属 *Halichoeres*

形态特征　体侧面观呈长椭圆形。背鳍前部鳍棘较短。各鳞上、下有黑缘。

分　　布　我国南海、台湾海域，以及日本冲绳以南海域、西北太平洋暖水域。

臀点海猪鱼 *Halichoeres miniatus*（Valenciennes，1839）

胸斑海猪鱼
Halichoeres melanochir **Fowler & Bean，1928**

分类地位　脊索动物门 Chordata（纲）Teleostei（目）Eupercaria incertae sedis 隆头鱼科 Labridae 海猪鱼属 *Halichoeres*

形态特征　体侧面观呈长椭圆形。背鳍、臀鳍后缘尖。体侧每枚鳞均有一黑点。

分　　布　我国南海、台湾海域，以及日本南部海域、菲律宾海域、澳大利亚海域、西太平洋暖水域。

胸斑海猪鱼 *Halichoeres melanochir* Fowler & Bean，1928

青点鹦嘴鱼
Scarus ghobban **Forsskål，1775**

　　分类地位　脊索动物门 Chordata（纲）Teleostei（目）Eupercaria incertae sedis 鹦嘴鱼科 Scaridae 鹦嘴鱼属 *Scarus*

　　形态特征　体侧面观呈椭圆形，蓝绿色。各鳞具镶有橙黄色边的青斑。

　　分　　布　我国南海、台湾海域，以及日本伊豆半岛以南海域、澳大利亚海域、印度－太平洋暖水域。

青点鹦嘴鱼 *Scarus ghobban* Forsskål，1775

孟加拉豆娘鱼
Abudefduf bengalensis（**Bloch，1787**）

　　分类地位　脊索动物门 Chordata（纲）Teleostei（目）Ovalentaria incertae sedis 雀鲷科 Pomacentridae 豆娘鱼属 *Abudefduf*

　　形态特征　体侧面观呈卵圆形。背鳍、臀鳍后缘尖。体侧具 6～7 条黑色窄横带。

　　分　　布　我国南海、台湾海域，以及日本和歌山以南海域、印度－西太平洋暖水域。

孟加拉豆娘鱼 *Abudefduf bengalensis*（Bloch，1787）

五带豆娘鱼
Abudefduf vaigiensis（Quoy & Gaimard，1825）

分类地位　脊索动物门 Chordata（纲）Teleostei（目）Ovalentaria incertae sedis 雀鲷科 Pomacentridae 豆娘鱼属 *Abudefduf*

形态特征　体侧面观呈卵圆形。背鳍和尾鳍上、下叶末端尖。体侧具5条黑色横带。

分　　布　我国南海、台湾海域，以及日本千叶以南海域、印度－西太平洋暖水域。

五带豆娘鱼 *Abudefduf vaigiensis*（Quoy & Gaimard，1825）

克氏双锯鱼
Amphiprion clarkii（Bennett，1830）

分类地位　脊索动物门 Chordata（纲）Teleostei（目）Ovalentaria incertae sedis 雀鲷科 Pomacentridae 双锯鱼属 *Amphiprion*

形态特征　体侧面观呈长椭圆形，上部黑色，下部橙红色。体侧有2条白色横带。

分　　布　我国南海、台湾海域，以及日本千叶以南海域、印度－西太平洋暖水域。

克氏双锯鱼 *Amphiprion clarkii*（Bennett，1830）

黑新箭齿雀鲷
Neoglyphidodon melas（**Cuvier**，**1830**）

分类地位　脊索动物门 Chordata（纲）Teleostei（目）Ovalentaria incertae sedis 雀鲷科 Pomacentridae 新箭齿雀鲷属 *Neoglyphidodon*

形态特征　体侧面观呈卵圆形。背鳍、臀鳍后缘圆弧形。成鱼体色由蓝黑色到蓝色不等。

分　　布　我国台湾海域，以及日本奄美大岛以南海域、马来西亚海域、澳大利亚海域、印度－西太平洋暖水域。

黑新箭齿雀鲷 *Neoglyphidodon melas*（Cuvier，1830）

蓝绿光鳃鱼
Chromis viridis（**Cuvier**，**1830**）

分类地位　脊索动物门 Chordata（纲）Teleostei（目）Ovalentaria incertae sedis 雀鲷科 Pomacentridae 光鳃鱼属 *Chromis*

形态特征　体侧面观呈长椭圆形。背鳍、臀鳍后缘尖。体灰绿色，各鳍色浅或暗蓝色。

分　　布　我国台湾海域，以及日本冲绳海域、印度－太平洋暖水域。

蓝绿光鳃鱼 *Chromis viridis*（Cuvier，1830）

网纹圆雀鱼（网纹宅泥鱼）
Dascyllus reticulatus（**Richardson，1846**）

分类地位　脊索动物门 Chordata（纲）Teleostei（目）Ovalentaria incertae sedis 雀鲷科 Pomacentridae 宅泥鱼属 *Dascyllus*

形态特征　体侧面观呈卵圆形。背鳍鳍棘部较鳍条部稍低。背鳍、腹鳍、臀鳍有黑缘。

分　　布　我国台湾海域，以及日本南部海域、印度－西太平洋暖水域。

网纹圆雀鱼 *Dascyllus reticulatus*（Richardson，1846）

霓虹雀鲷
Pomacentrus coelestis **Jordan & Starks，1901**

分类地位　脊索动物门 Chordata（纲）Teleostei（目）Ovalentaria incertae sedis 雀鲷科 Pomacentridae 雀鲷属 *Pomacentrus*

形态特征　体侧面观呈长椭圆形，背部蓝紫色，胸部、腹部黄色。

分　　布　我国台湾海域，以及日本千叶以南海域、印度－太平洋暖水域。

霓虹雀鲷 *Pomacentrus coelestis* Jordan & Starks，1901

圆拟鲈
Parapercis cylindrica（Bloch，1792）

分类地位　脊索动物门 Chordata（纲）Teleostei 鲈形目 Perciformes 拟鲈科 Pinguipedidae 拟鲈属 *Parapercis*

形态特征　体呈长圆柱形。背鳍鳍棘部有大黑斑。背鳍鳍条部、臀鳍和尾鳍均有褐色小点。

分　　布　我国东海、南海、台湾海域，以及琉球群岛海域、西太平洋暖水域。

圆拟鲈 *Parapercis cylindrica*（Bloch，1792）

四斑拟鲈
Parapercis clathrata Ogilby，1910

分类地位　脊索动物门 Chordata（纲）Teleostei 鲈形目 Perciformes 拟鲈科 Pinguipedidae 拟鲈属 *Parapercis*

形态特征　体细长，呈圆柱形。背鳍有深缺刻。体侧下部有排成纵列的暗斑。

分　　布　我国南海、台湾海域，以及琉球群岛海域、印度－西太平洋暖水域。

四斑拟鲈 *Parapercis clathrata* Ogilby，1910

短鳞诺福克鳚

Norfolkia brachylepis（Schultz，1960）

分类地位　脊索动物门 Chordata（纲）Teleostei（目）Blenniiformes 三鳍鳚科 Tripterygiidae 诺福克鳚属 *Norfolkia*

形态特征　体细长，具 6 条 H 形褐色横斑。第一背鳍有 4 枚鳍棘。

分　　布　我国台湾海域，以及日本伊豆半岛以南海域、澳大利亚海域、印度－西太平洋暖水域。

短鳞诺福克鳚 *Norfolkia brachylepis*（Schultz，1960）

黑尾史氏三鳍鳚

Springerichthys bapturus（Jordan & Snyder，1902）

分类地位　脊索动物门 Chordata（纲）Teleostei（目）Blenniiformes 三鳍鳚科 Tripterygiidae 史氏三鳍鳚属 *Springerichthys*

形态特征　体细长。第一背鳍具 3 枚鳍棘。体侧散布小黄点。

分　　布　我国台湾海域，以及日本南部海域。

黑尾史氏三鳍鳚 *Springerichthys bapturus*（Jordan & Snyder，1902）

横口鳚
Plagiotremus rhinorhynchos（**Bleeker，1852**）

分类地位　脊索动物门 Chordata（纲）Teleostei（目）Blenniiformes 鳚科 Blenniidae 横口鳚属 *Plagiotremus*

形态特征　体细长，黑褐色。体侧有 2 条蓝色纵纹。背鳍、臀鳍灰褐色。

分　　布　我国台湾海域，以及日本相模湾以南海域、印度 – 西太平洋暖水域。

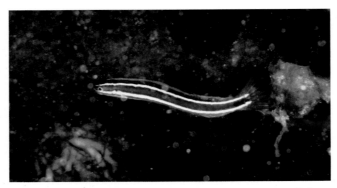

横口鳚 *Plagiotremus rhinorhynchos*（Bleeker，1852）（幼鱼）

短头跳岩鳚
Petroscirtes breviceps（**Valenciennes，1836**）

分类地位　脊索动物门 Chordata（纲）Teleostei（目）Blenniiformes 鳚科 Blenniidae 跳岩鳚属 *Petroscirtes*

形态特征　体细长，黄褐色。体侧具褐色纵带，褐色纵带上、下具白色纵带。

分　　布　我国南海、台湾海域，以及日本南部海域、朝鲜半岛海域、印度 – 西太平洋暖水域。

短头跳岩鳚 *Petroscirtes breviceps*（Valenciennes，1836）

点篮子鱼（星篮子鱼）
Siganus guttatus（**Bloch**，**1787**）

分类地位 脊索动物门 Chordata（纲）Teleostei（目）Acanthuriformes 篮子鱼科 Siganidae 篮子鱼属 *Siganus*

形态特征 体侧面观呈椭圆形。背鳍第一鳍棘短，长度仅为最后一枚鳍棘长的 1/2。侧线上鳞 18 ～ 20 行。

分　　布 我国南海、台湾海域，以及日本冲绳以南海域、印度 - 西太平洋暖水域。

点篮子鱼（星篮子鱼）*Siganus guttatus*（Bloch，1787）

爪哇篮子鱼
Siganus javus（**Linnaeus**，**1766**）

分类地位 脊索动物门 Chordata（纲）Teleostei（目）Acanthuriformes 篮子鱼科 Siganidae 篮子鱼属 *Siganus*

形态特征 体侧面观呈椭圆形。背鳍无缺刻，第一背鳍鳍棘短于最后一枚鳍棘。鳞小。侧线上鳞 30 ～ 35 行。

分　　布 我国南海、台湾海域，以及印度 - 中西太平洋暖水域。

爪哇篮子鱼 *Siganus javus*（Linnaeus，1766）

长鳍篮子鱼
Siganus canaliculatus（Park，1797）

分类地位　脊索动物门 Chordata（纲）Teleostei（目）Acanthuriformes 篮子鱼科 Siganidae 篮子鱼属 *Siganus*

形态特征　鱼体上部为褐色，下部为白色。背鳍最后一棘甚短，鳍棘部及鳍条部间有一深缺刻。臀鳍最后一鳍棘短，约与第一鳍棘等长。

分　　布　我国黄海、东海、南海、台湾海域，以及日本下北半岛以南海域、澳大利亚海域、印度 - 西太平洋温暖水域。

长鳍篮子鱼 *Siganus canaliculatus*（Park，1797）

黑点鹦虾虎鱼
Exyrias belissimus（Smith，1959）

分类地位　脊索动物门 Chordata（纲）Teleostei（目）Gobiiformes 虾虎鱼科 Gobiidae 鹦虾虎鱼属 *Exyrias*

形态特征　体延长。第一背鳍高大，第一鳍棘与第五鳍棘几乎等长。体侧有数列纵长黑点。

分　　布　我国台湾海域，以及日本八重山诸岛海域。

黑点鹦虾虎鱼 *Exyrias belissimus*（Smith，1959）

尾斑钝虾虎鱼

Amblygobius phalaena（Valenciennes，1837）

分类地位　脊索动物门 Chordata（纲）Teleostei（目）Gobiiformes 虾虎鱼科 Gobiidae 钝虾虎鱼属 *Amblygobius*

形态特征　体延长，被小栉鳞。第一背鳍第三、第四鳍棘最长。

分　　布　我国南海、台湾海域，以及日本南部海域、印度 - 西太平洋暖水域。

尾斑钝虾虎鱼 *Amblygobius phalaena*（Valenciennes，1837）

短腹拟鲆

Parabothus coarctatus（Gilbert，1905）

分类地位　脊索动物门 Chordata（纲）Teleostei（目）Pleuronectiformes 鲆科 Bothidae 拟鲆属 *Parabothus*

形态特征　体侧面观呈长椭圆形，左侧被弱栉鳞，右侧被小圆鳞。背鳍、臀鳍各有 1 行 6 ～ 10 个褐色斑。

分　　布　我国南海，以及日本南部海域、美国夏威夷海域、太平洋暖水域。

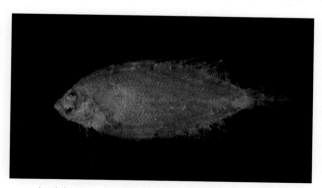

短腹拟鲆 *Parabothus coarctatus*（Gilbert，1905）

凹吻鲆
Bothus mancus（**Broussonet，1782**）

分类地位　脊索动物门 Chordata（纲）Teleostei（目）Pleuronectiformes 鲆科 Bothidae 鲆属 *Bothus*

形态特征　体侧面观呈长椭圆形；左侧淡褐色，被弱栉鳞；右侧被圆鳞。

分　　布　我国南海、台湾海域，以及日本和歌山以南海域，印度－太平洋热带、亚热带水域。

凹吻鲆 *Bothus mancus*（Broussonet，1782）

条鳎（带纹条鳎）
Zebrias zebra（**Bloch，1787**）

分类地位　脊索动物门 Chordata（纲）Teleostei（目）Pleuronectiformes 鳎科 Soleidae 条鳎属 *Zebrias*

形态特征　体呈长舌形，被小栉鳞。背鳍、臀鳍完全与尾鳍相连成一体。

分　　布　我国渤海、黄海、东海、南海、台湾海域，以及日本北海道以南海域、朝鲜半岛海域、印度－西太平洋暖水域。

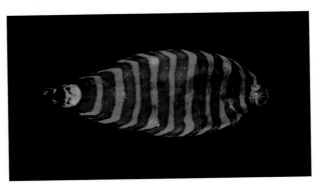

条鳎 *Zebrias zebra*（Bloch，1787）

峨眉条鳎
Zebrias quagga（Kaup，1858）

分类地位　脊索动物门 Chordata（纲）Teleostei（目）Pleuronectiformes 鳎科 Soleidae 条鳎属 *Zebrias*

形态特征　体呈长舌形。头、体右侧淡黄褐色，有 11 对棕褐色横带。

分　　布　我国南海、台湾海域，以及印度尼西亚海域、印度 – 西太平洋暖水域。

峨眉条鳎 *Zebrias quagga*（Kaup，1858）

斑头舌鳎
Cynoglossus puncticeps（Richardson，1846）

分类地位　脊索动物门 Chordata（纲）Teleostei（目）Pleuronectiformes 舌鳎科 Cynoglossidae 舌鳎属 *Cynoglossus*

形态特征　体扁平。两眼位于身体左侧。背鳍、臀鳍与尾鳍连接，仅左腹鳍发达，无胸鳍。眼小且相邻近。口不对称。前鳃盖隐藏于皮肤下。牙齿细小。

分　　布　我国东海、南海、台湾海域，以及菲律宾海域、印度尼西亚海域、印度 – 西太平洋暖水域。

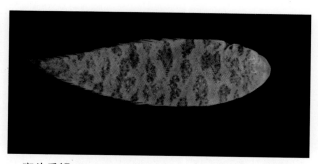

斑头舌鳎 *Cynoglossus puncticeps*（Richardson，1846）

单角革鲀
Aluterus monoceros（**Linnaeus，1758**）

分类地位　脊索动物门 Chordata（纲）Teleostei 鲀形目 Tetraodontiformes 单角鲀科 Monacanthidae 革鲀属 *Aluterus*

形态特征　体稍高,被细鳞,基板上有多行小棘。第一背鳍深褐色。

分　　布　我国黄海、东海、南海、台湾海域,以及日本南部海域,太平洋、印度洋、大西洋温带和热带水域。

单角革鲀 *Aluterus monoceros*（Linnaeus，1758）

拟态革鲀
Aluterus scriptus（**Osbeck，1765**）

分类地位　脊索动物门 Chordata（纲）Teleostei 鲀形目 Tetraodontiformes 单角鲀科 Monacanthidae 革鲀属 *Aluterus*

形态特征　体侧面观呈长椭圆形,被细鳞,基板上只有少数小棘。

分　　布　我国南海、台湾海域,以及日本相模湾以南海域,太平洋、印度洋、大西洋热带水域。

拟态革鲀 *Aluterus scriptus*（Osbeck，1765）

中华单角鲀
Monacanthus chinensis（Osbeck，1765）

分类地位　脊索动物门 Chordata（纲）Teleostei 鲀形目 Tetraodontiformes 单角鲀科 Monacanthidae 单角鲀属 *Monacanthus*

形态特征　体侧扁而高。第一背鳍第一鳍棘起始于眼中央后上方。鳞细小，基板上有一强而粗的中心棘。

分　　布　我国东海、南海、台湾海域，以及日本南部海域、印度尼西亚海域、印度‐西太平洋暖水域。

中华单角鲀 *Monacanthus chinensis*（Osbeck，1765）

绒纹副单角鲀
Paramonacanthus sulcatus（Hollard，1854）

分类地位　脊索动物门 Chordata（纲）Teleostei 鲀形目 Tetraodontiformes 单角鲀科 Monacanthidae 副单角鲀属 *Paramonacanthus*

形态特征　体侧面观呈长椭圆形。两背鳍分离。头、体全部被鳞。鳞微小，表面有细小突起，突起排成纵波状细纹。

分　　布　我国黄海、东海、南海。

绒纹副单角鲀 *Paramonacanthus sulcatus*（Hollard，1854）

丝背细鳞鲀
Stephanolepis cirrhifer（**Temminck & Schlegel，1850**）

分类地位　脊索动物门 Chordata（纲）Teleostei 鲀形目 Tetraodontiformes 单角鲀科 Monacanthidae 细鳞鲀属 *Stephanolepis*

形态特征　体侧扁，被细鳞，基板上鳞棘基部愈合成柄状。第一背鳍第一鳍棘始于眼后半部上方。

分　　布　我国东海、南海、台湾海域，以及日本北海道以南海域、印度 - 西太平洋暖水域。

丝背细鳞鲀 *Stephanolepis cirrhifer*（Temminck & Schlegel，1850）

棘背角箱鲀
Lactoria diaphana（**Bloch & Schneider，1801**）

分类地位　脊索动物门 Chordata（纲）Teleostei 鲀形目 Tetraodontiformes 箱鲀科 Ostraciidae 角箱鲀属 *Lactoria*

形态特征　体甲大致呈五棱状。体棕色，有一些不规则的深褐色条纹。

分　　布　我国东海、台湾海域，以及日本茨城以南海域、印度 - 西太平洋暖水域。

棘背角箱鲀 *Lactoria diaphana*（Bloch & Schneider，1801）

角箱鲀
Lactoria cornuta（Linnaeus，1758）

分类地位　脊索动物门 Chordata（纲）Teleostei 鲀形目 Tetraodontiformes 箱鲀科 Ostraciidae 角箱鲀属 *Lactoria*

形态特征　体侧面观近长方形。体甲和尾柄上散步一些褐色圆斑。各鳍黄褐色。

分　　布　我国东海、南海、台湾海域，以及日本静冈以南海域、西太平洋暖水域。

角箱鲀 *Lactoria cornuta*（Linnaeus，1758）

粒突箱鲀
Ostracion cubicum Linnaeus，1758

分类地位　脊索动物门 Chordata（纲）Teleostei 鲀形目 Tetraodontiformes 箱鲀科 Ostraciidae 箱鲀属 *Ostracion*

形态特征　体呈箱形，表皮粗糙。口小，唇厚且略突出。鳞特化成骨质盾板。幼鱼体呈鲜艳的金黄色，遍布圆形黑斑。随着成长，体变为黄棕色，雄鱼体带蓝灰色，具有许多大黑点。

分　　布　广泛分布于印度－太平洋，在我国主要分布于东海、南海。

粒突箱鲀 *Ostracion cubicum* Linnaeus，1758（亚成体）

辐纹叉鼻鲀
Arothron mappa（Lesson，1831）

分类地位　脊索动物门 Chordata（纲）Teleostei　鲀形目 Tetraodontiformes 鲀科 Tetraodontidae 叉鼻鲀属 *Arothron*

形态特征　体高，横截面近圆形，背部棕褐色，密布大于或小于瞳孔的白色圆斑或椭圆斑。

分　　布　我国东海、台湾海域，以及日本和歌山以南海域、印度－西太平洋暖水域。

辐纹叉鼻鲀 *Arothron mappa*（Lesson，1831）

纹腹叉鼻鲀
Arothron hispidus（Linnaeus，1758）

分类地位　脊索动物门 Chordata（纲）Teleostei　鲀形目 Tetraodontiformes 鲀科 Tetraodontidae 叉鼻鲀属 *Arothron*

形态特征　体具斑点，背部棕褐色，腹部具多条白色纵行线纹，其余部分具稀疏排布的白色圆斑。

分　　布　我国南海、台湾海域，以及日本房总半岛以南海域、印度－西太平洋暖水域。

纹腹叉鼻鲀 *Arothron hispidus*（Linnaeus，1758）

网纹叉鼻鲀
Arothron reticularis（Bloch & Schneider，1801）

分类地位 脊索动物门 Chordata（纲）Teleostei 鲀形目 Tetraodontiformes 鲀科 Tetraodontidae 叉鼻鲀属 *Arothron*

形态特征 体灰白色至黑色,具有许多不规则的白色条纹;背部条纹间具有小点;腹部条纹粗,横向排列。

分　　布 我国台湾海域,以及琉球群岛以南海域、印度－西太平洋暖水域。

网纹叉鼻鲀 *Arothron reticularis*（Bloch & Schneider，1801）

横带扁背鲀
Canthigaster valentini（Bleeker，1853）

分类地位 脊索动物门 Chordata（纲）Teleostei 鲀形目 Tetraodontiformes 鲀科 Tetraodontidae 扁背鲀属 *Canthigaster*

形态特征 体被发达的小皮刺,具白色斑点和线纹,背部褐色且具线纹。

分　　布 我国南海,以及琉球群岛以南海域、印度－西太平洋热带水域。

横带扁背鲀 *Canthigaster valentini*（Bleeker，1853）

铅点多纪鲀（铅点东方鲀）
Takifugu alboplumbeus（**Richardson**，**1845**）

分类地位　脊索动物门 Chordata（纲）Teleostei 鲀形目 Tetraodontiformes 鲀科 Tetraodontidae 东方鲀属 *Takifugu*

形态特征　体被小刺，背部茶褐色，具4～6条马鞍形暗带和众多黄绿色多角形斑点。

分　　布　我国渤海、黄海、东海、南海、台湾海域，以及朝鲜半岛海域、印度－西北太平洋暖水域。

铅点多纪鲀 *Takifugu alboplumbeus*（Richardson，1845）

线纹喉盘鱼
Diademichthys lineatus（**Sauvage**，**1883**）

分类地位　脊索动物门 Chordata（纲）Teleostei 喉盘鱼目 Gobiesociformes 喉盘鱼科 Gobiesocidae 线纹喉盘鱼属 *Diademichthys*

形态特征　体细，黑褐色，背部有一浅色纵带。

分　　布　我国南海、台湾海域，以及日本静冈以南海域、印度－西太平洋热带水域。

线纹喉盘鱼 *Diademichthys lineatus*（Sauvage，1883）